Si Mohammed Ait El Fqih

Luminescence et distribution angulaire

Si Mohammed Ait El Fqih

Luminescence et distribution angulaire

Émissions optiques et distributions angulaires de produits de pulvérisation de solide soumis a un bombardement ionique

Presses Académiques Francophones

Impressum / Mentions légales

Bibliografische Information der Deutschen Nationalbibliothek: Die Deutsche Nationalbibliothek verzeichnet diese Publikation in der Deutschen Nationalbibliografie; detaillierte bibliografische Daten sind im Internet über http://dnb.d-nb.de abrufbar.

Alle in diesem Buch genannten Marken und Produktnamen unterliegen warenzeichen-, marken- oder patentrechtlichem Schutz bzw. sind Warenzeichen oder eingetragene Warenzeichen der jeweiligen Inhaber. Die Wiedergabe von Marken, Produktnamen, Gebrauchsnamen, Handelsnamen, Warenbezeichnungen u.s.w. in diesem Werk berechtigt auch ohne besondere Kennzeichnung nicht zu der Annahme, dass solche Namen im Sinne der Warenzeichen- und Markenschutzgesetzgebung als frei zu betrachten wären und daher von jedermann benutzt werden dürften.

Information bibliographique publiée par la Deutsche Nationalbibliothek: La Deutsche Nationalbibliothek inscrit cette publication à la Deutsche Nationalbibliografie; des données bibliographiques détaillées sont disponibles sur internet à l'adresse http://dnb.d-nb.de.

Toutes marques et noms de produits mentionnés dans ce livre demeurent sous la protection des marques, des marques déposées et des brevets, et sont des marques ou des marques déposées de leurs détenteurs respectifs. L'utilisation des marques, noms de produits, noms communs, noms commerciaux, descriptions de produits, etc, même sans qu'ils soient mentionnés de façon particulière dans ce livre ne signifie en aucune façon que ces noms peuvent être utilisés sans restriction à l'égard de la législation pour la protection des marques et des marques déposées et pourraient donc être utilisés par quiconque.

Coverbild / Photo de couverture: www.ingimage.com

Verlag / Editeur:
Presses Académiques Francophones
ist ein Imprint der / est une marque déposée de
OmniScriptum GmbH & Co. KG
Heinrich-Böcking-Str. 6-8, 66121 Saarbrücken, Deutschland / Allemagne
Email: info@presses-academiques.com

Herstellung: siehe letzte Seite /
Impression: voir la dernière page
ISBN: 978-3-8381-7761-8

Copyright / Droit d'auteur © 2014 OmniScriptum GmbH & Co. KG
Alle Rechte vorbehalten. / Tous droits réservés. Saarbrücken 2014

Table des matières

Préface 1

Chapitre I
Etats de recherche sur la pulvérisation induite par faisceau d'ions

Introduction 3
I- Théorie 3
      II- Mécanismes de la pulvérisation collisionnelle 8
  II- 1 Régime de collisions simples 10
  II- 2 Régime de cascade linéaire 10
  II- 3 Régime de cascade non linéaire : régime de pointe 15
III- Influence des paramètres du bombardement 15
  III- 1 Angle d'incidence 15
  III- 2 Energie et nature des ions incidents 17
IV- Distribution angulaire 22
  IV- 1 Allure générale du lobe d'émission 22
  IV- 2 Rugosité induite par faisceau d'ions 25
    a) Rugosité induite par des processus stochastiques 26
    b) Rugosité induite par l'angle d'incidence 26
    c) Effet de la fluence des ions incidents 27
    d) Effet de l'énergie des ions incidents 28
    e) Effet de la température 28
V- La pulvérisation d'un alliage 30
Références 32

Chapitre II
Dispositifs expérimentaux

Introduction 37
I- L'appareil de recherche installé à Orsay (Laboratoire STIM) 37
  I- 1 Canon à ions 37
    a) Source 37
    b) Extraction et focalisation 40
  I- 2 Affinage du faisceau ionique 40

a) Description générale du dispositif 40

b) Sélection des ions 40

I- 3 Pompage du système du transport d'ions 42

I- 4 Enceinte échantillon 43

a) Description et pompage 43

b) Le porte-échantillon 44

I- 5 Analyse et détection de la lumière 47

a) Focalisation et analyse 47

b) Détection et acquisition des données 49

II- L'appareil ASSO installé à Marrakech (Equipe SIAM) 51

II- 1 Le canon à ions 51

II- 2 L'ensemble enceint et porte-échantillons 54

II- 3 La chaîne de détection optique 56

Référence 58

Chapitre III
Emissions Optiques des Echantillons d'aluminium, silicium, vanadium et de leurs Oxydes

Introduction 60

I- Définitions 60

II- Modèle de transfert d'électrons 61

II- 1 Cas d'un atome 61

II- 2 Cas d'un ion 62

III- Influence de la nature et des paramètres physiques du faisceau ionique sur les émissions optiques 64

III- 1 Nature du projectile 64

III- 2 Angle d'incidence 66

a) Aspect expérimental 66

b) Simulation par calcul SRIM du rendement de pulvérisation en fonction de l'angle d'incidence 68

IV- Emission optique observée lors du bombardement d'échantillons d'aluminium et de son oxyde (Al_2O_3) 69

IV- 1 Nature et préparation des échantillons 69

IV- 2 Résultats obtenue par la technique ASSO (Analyse de Surface par Spectroscopie Optique)..69

IV- 3 Effet de l'oxygène sur les émissions optiques 73

IV- 4 Analyse de l'influence de l'oxygène sur l'aluminium 75

IV- 5 Comparaison entre les résultats ASSO et ESSO 79

IV- 6 Emission optique des impuretés présentes dans les échantillons étudiés 81

V- Emissions optiques observées lors du bombardement d'échantillons de silicium et d'oxyde de silicium 85

V- 1 Conditions expérimentales...86

V- 2 Résultats et discussion des émissions optique de Si et de SiO_2 86

VI- Emissions optiques observées lors du bombardement d'échantillons de vanadium et d'oxyde de vanadium...92

VI- 1 Conditions expérimentales...92

VI- 2 Résultats et discussion des émissions optiques de V et V_2O_5.........................92

a) Emission de radiation discrète...93

b) Emission de radiation continue 99

Conclusion 101

Référence 102

Chapitre IV
Etude des distributions angulaires

Introduction 105

I- Principe de l'expérience 106

II- Nature et préparation des échantillons 109

II-1 Echantillons 109

II- 2 Le Mylar, substrat collecteur 110

III- Aspect théorique de la mesure des distributions angulaires (calculs et simulations) ..111

IV- Résultats et discussion..116

IV- 1 Le béryllium 116

a) Distribution angulaire pour les incidences normales ($\theta= 0$ °) 117

b) Distribution angulaire pour les incidences obliques ($\theta = 70$ °)...............125

Conclusion 130

Référence 131

Chapitre V
Émissions optiques observées lors du bombardement
des cibles à plusieurs constituants et application analytique

Introduction 136

I- Nature des échantillons et conditions opératoires...136

II- Résultats expérimentaux 139

    II- 1 Etude analytique par ICP-OES (Emission Atomique à Source Plasma Couplé par Induction)..139

    II- 2 Le cuivre aluminium 142

        a) Emission optique du cuivre aluminium 142

        b) Effet du temps du bombardement sur les alliages de CuAl 149

        c) Mesures relatives 151

        d) Mesures absolues 153

    II- 3 Le cuivre béryllium 155

        a) Emission optique du cuivre béryllium 155

        b) Effet du temps du bombardement sur l'alliage CuBe 159

III- Discussion 161

Référence 162

Conclusion Générale 163

Préface

Lorsqu'un faisceau d'ions d'énergie cinétique de quelques keV interagit avec une cible solide, une pulvérisation se produit et des particules de différents types (e-, espèces neutres ou ioniques, agrégats...) sont éjectées de la cible. Ce type d'interaction provoque aussi l'éjection de particules dans des états électroniquement excités et des radiations électromagnétiques peuvent être émises.

Dans ce travail, nous avons utilisé deux appareils de recherche : Le premier est le spectromètre ASSO (Analyse de Surface par Spectroscopie Optique) est le spectromètre ESSO (Etude des Surfaces par Spectroscopie Optique). Nous avons mené les études suivantes : 1- Détection et analyse des photons émises lors de l'impact d'un faisceau d'ions Kr^+ de 5 keV sur six solides : Al, Si et V et sur leur oxydes ; Al_2O_3, SiO_2 et V_2O_5. Les spectres de luminescence enregistrés consistent en une série de raies fines qui, dans certains cas, sont superposées à un continuum. Nous avons aussi examiné le comportement de ces spectres lorsqu'on effectue un bombardement des échantillons sous une atmosphère contrôlée d'oxygène. La variation des intensités des raies spectrales est régie par une compétition entre transitions radiatives et non radiatives que nous avons interprétée dans le cadre du modèle d'échange d'électrons entre les états excités des particules éjectées et la bande d'énergie du solide. 2- Détermination des distributions angulaires des produits de pulvérisation lors du bombardement d'un échantillon du béryllium. Ces produits sont déposés sur un substrat (feuille de Mylar ^{TM}) portée par un support cylindrique qui entoure la cible bombardée sous incidence 0 et 70 degrés par rapport à la normale de la surface de la cible. Le dépôt est analysé par la technique ICP-OES (Emission Atomique à Source Plasma Couplé par Induction) et l'état final de la surface bombardée est examiné par microscopie électronique à balayage. Les résultats des formes de distribution angulaire sont comparés par simulation numériquement. 3- Possibilités analytiques de la méthode ESSO sur des alliages binaires de CuBe et CuAl à différentes concentrations.

Par ce travail, nous pensons avoir apporté une contribution dans un domaine complexe et vaste qui est celui de la science des surfaces. Nous souhaitons approfondir ce travail par d'autres expériences qui permettent d'élucider l'origine de la formation d'espèces excitées et leur comportement au voisinage d'une surface soumise à un bombardement ionique.

Chapitre I

Etats de recherche sur la pulvérisation induite par faisceau d'ions

Introduction

L'interaction d'un solide avec un faisceau d'ions peut conduire à l'émission d'atomes, isolés ou liés dans une molécule ou dans un agrégat, neutres ou ionisés, ou dans un état excité. Ces derniers peuvent se désexciter par émission de photons. Cette matière pulvérisée depuis le solide peut résulter d'un transfert de quantité de mouvement des ions projectiles aux atomes de la cible, ou de processus indirects impliquant des électrons du solide. Ce transfert s'effectue par une succession d'interactions plus au moins violentes conduisant ainsi à un endommagement de la cible.

La technique utilisée dans ce travail utilise un canon à ions et un système de détection de lumière, elle peut être considérée comme complémentaire de la technique de spectrométrie de masse à ionisation secondaire SIMS (Secondary Ion Mass Spectrometry) [1] et de l'analyse de surface par décharge luminescente, dite SDL (Spectrométrie à Décharge Luminescente) [2]. L'émission des photons est obtenue par un bombardement ionique qui produit une pulvérisation des couches superficielles de la cible. Ces émissions lumineuses sont analysées par un système de détection de lumière. D'autres méthodes d'analyse sont appropriées à l'étude des surfaces, à savoir, l'ESCA (Electron-Spectroscopy for Chemical Analysis) [3]; l'AES (Auger Electron Spectroscopy) [4]; la RBS (Rutherford Backscattering Spectrometry) [5], etc...

Ce chapitre constitue une revue rapide et non exhaustive des phénomènes qui résultent de l'interaction ions-matière. Après avoir rappelé les différents régimes de collision responsable de la pulvérisation nous aborderons respectivement l'influence des paramètres de bombardement sur la pulvérisation et l'étude des distributions angulaires des produits de pulvérisation. Enfin, nous traiterons le cas de la pulvérisation des alliages.

I- Théorie

La surface des matériaux s'érode lorsqu'elle est soumise à un bombardement de particules. Cette pulvérisation provient de l'éjection de particules induites par des collisions entre les particules incidentes et les atomes appartenant aux couches proches de la surface. Ce phénomène a été observé pour la première fois au milieu du dix-neuvième siècle [6] ; ces auteurs ont observé, lors de décharges électriques dans un gaz, un dépôt métallique sur les parois du tube à décharge. En 1858, J. Plücker [7] remarque que dans un tube à vide où deux électrodes sont introduites, le passage de la décharge électrique s'accompagne d'une perte de poids de la cathode. La matière arrachée à la cathode se condense sur les surfaces voisines et peut même se redéposer en partie sur cette électrode. Ce phénomène a été appelé "pulvérisation cathodique". Ce n'est qu'en 1906 que V. Kohlschutter [8] explique cette perte de matière comme une conséquence du choc produit par l'impact des ions positifs du gaz ionisé ou plasma. Pendant les années qui suivent, peu d'expériences intéressantes sont à noter en raison de la non-reproductibilité des résultats. Cinquante ans plus tard, E. Goldstein [9] a mis en évidence l'origine de ce dépôt. D'après lui, il provient de la pulvérisation cathodique induite par l'impact d'ions positifs sur la cathode. Cependant, ce n'est qu'après 1950, alors que les sources d'ions deviennent plus performantes, que R.C. Bradley [10], F. Keywell [11] et W.J. Moore [12] donnent les premiers résultats significatifs et ouvrent de nouvelles voies dans ce domaine.

Les applications actuelles de la pulvérisation sont :
- la gravure, avec en particulier la gravure locale par FIB (Focused Ion Beam),
- le dépôt par pulvérisation cathodique,
- le nettoyage de couches minces déposées sur un substrat,
- la réalisation de profils par l'AES, l'ESCA et le SIMS.

Aussi il faut signaler les travaux sur les théories de la pulvérisation menés par P. Sigmund [13-17] qui ont largement contribué à comprendre ce phénomène.

Quel que soit le but des études utilisant les processus de pulvérisation, la grandeur généralement utilisée est le rendement de pulvérisation, communément représenté par la lettre **Y** (**Y**ield en anglais). Ce rendement de pulvérisation donne le nombre moyen d'atomes (ou de molécules) éjectés par particule incidente.

$$Y = \frac{nombre\ d'atomes\ éjecté}{nombre\ de\ particules\ incidentes}$$

Ce coefficient va dépendre de nombreux paramètres [18,19, 20] comme :
- l'énergie de l'ion primaire [21] (Fig. I-1), son angle d'incidence [22,23] (Fig. I-2) et sa masse [21] (Fig. I-3),
- l'état chimique de la cible, sa température [24] (Fig. I-4) ainsi que sa nature cristallographique (cristallisée ou amorphe) qui peut engendrer des phénomènes de canalisation [25],
- le numéro atomique de l'atome cible [26,27] (Fig. I-5),
- le degré de vide dans lequel s'effectue le bombardement [28].

La plupart de ces paramètres sont difficiles à appréhender, ce qui empêche une formalisation analytique globale du taux de pulvérisation. Cependant, pour la plupart des solides amorphes ou polycristallins bombardés par des ions de quelques keV, **Y** peut être prédit de façon satisfaisante par le modèle de cascades de collisions linéaires.

Pour ces solides, les différents types de particules incidentes (des ions, des électrons, des neutrons …) peuvent éroder leur surface. Cependant, l'efficacité d'érosion dépend fortement du couple projectile-cible. Les collisions élastiques peuvent par transfert direct d'énergie cinétique aux atomes de la cible, quelle que soit la nature de cette dernière, éjecter un atome situé au voisinage de la surface. Les excitations électroniques ne vont être efficaces que dans des conditions particulières (possibilité de convertir cette énergie en mouvement atomique ou par des processus collectifs pour les fortes densités d'ionisation).

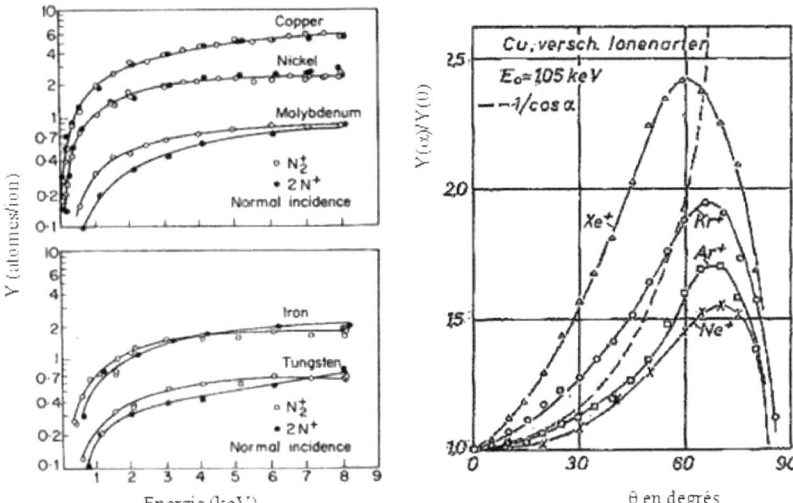

Figure I-1: Variation du taux de pulvérisation en fonction de l'énergie de l'ion projectile [19].

Figure I-2 : Variation du taux de pulvérisation en fonction de l'angle d'incidence de différents ions à 1,05 keV sur une cible de cuivre [23].

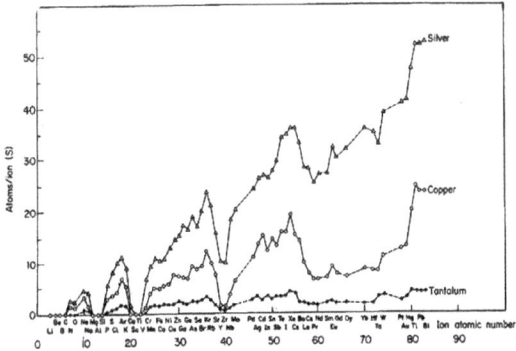

Figure I-3 : Variation du taux de pulvérisation en fonction de la masse des ions incidents à 45 keV sur du cuivre, de l'argent et du tantale [19].

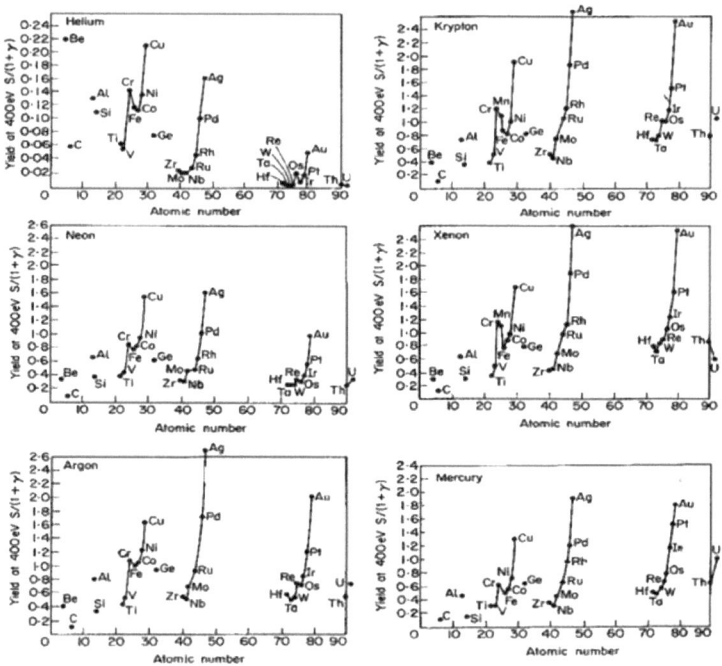

Figure I-5 : Variation du taux de pulvérisation en fonction du numéro atomique de l'atome cible pour des gaz rares et le mercure [19].

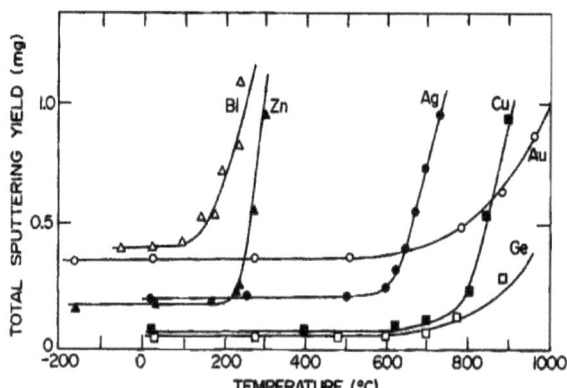

Figure I-4 : Variation du taux de pulvérisation en fonction de la température de quelques métaux bombardés par du Xe^+ à 45 keV [24].

Si les processus d'interaction sont nombreux, les particules éjectées de la surface sont également très diverses : des atomes ionisés, des atomes neutres, des atomes excités, des molécules et des agrégats (Fig. I-6). Les particules incidentes sont en partie rétrodiffusées, des électrons peuvent être également émis à partir de la surface ou à partir de particules pulvérisées excitées.

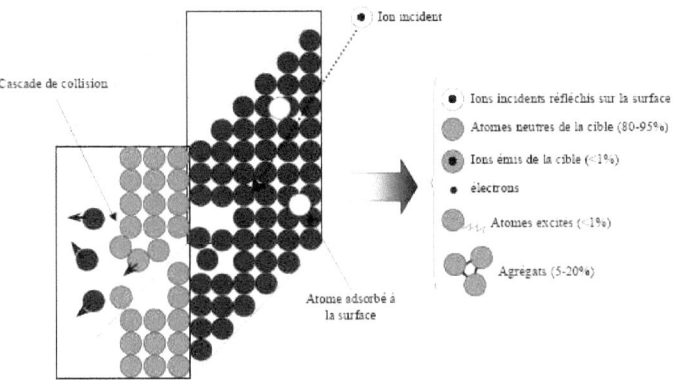

Figure I-6 : Représentation des différentes particules émises lors du bombardement d'une surface par des ions. Les pourcentages donnent les contributions des différentes particules pulvérisées dans le cas d'une surface métallique propre.

Plusieurs techniques sont utilisées pour déterminer expérimentalement les rendements de pulvérisation, allant de la perte de masse de l'échantillon (rendement de pulvérisation total) à la mesure de l'émission d'une espèce particulière (rendement de pulvérisation partiel).

Le premier type de technique consiste à mesurer les rendements de pulvérisation à partir des modifications de la cible avant et après pulvérisation. Afin de déterminer la quantité de la matière éjectée, plusieurs mesures sont possibles :
- des variations de masse de la cible avant et après irradiation. Dans la majorité des cas, une balance à quartz est utilisée à l'intérieur de la chambre de collision.
- des variations d'épaisseur de la cible. L'analyse par rétrodiffusion Rutherford RBS (Rutherford Back Scattering) permet de mesurer cette variation dans le cas des cibles minces.

Le deuxième type de technique porte sur une mesure directe de la composition du flux de particules pulvérisées par spectrométrie de masse soit d'ions secondaires (SIMS), soit d'atomes neutres secondaires (SNMS).

La troisième technique de mesure des rendements de pulvérisation utilise la méthode de collecte des produits de pulvérisation sur un substrat. Un matériau est placé autour d'une cible dont les particules pulvérisées vont se coller sur la surface d'un substrat appelé collecteur. La détection des particules se trouvant sur le collecteur est faite en utilisant différentes méthodes telles que la microscopie électronique à transmission [29], ICP-OES (Emission Atomique à Source Plasma Couplé par Induction) [30]...

II- Mécanismes de la pulvérisation collisionnelle

Quand un ion doté d'une certaine énergie interagit avec un solide, deux types de collisions sont à envisager (Fig. I-7):
- les collisions élastiques des ions incidents avec les noyaux du solide qui entraînent le déplacement des atomes du réseau, voir l'éjection d'atomes ou d'agrégats (neutres ou chargés),
- les collisions inélastiques (ou électroniques) des ions incidents avec le nuage électronique du solide qui se traduisent par des phénomènes d'ionisation et d'excitation conduisant à l'émission d'électrons secondaires ou de photons.

Pour pulvériser une surface, on privilégiera le premier type de collision. Quant aux collisions inélastiques, elles sont plus utiles pour une caractérisation du matériau. Suivant l'énergie de l'ion incident, on observe les mécanismes de collisions avec les énergies seuils correspondantes. En effet, un matériau possède deux grandeurs caractéristiques :
- l'énergie de déplacement E_d qui caractérise les forces de liaisons des atomes au sein du matériau.
- L'énergie de surface E_s qui caractérise ces mêmes forces mais à la surface du matériau.

Ainsi pour qu'un atome soit pulvérisé, on doit lui fournir assez d'énergie pour vaincre toutes les forces de liaisons.

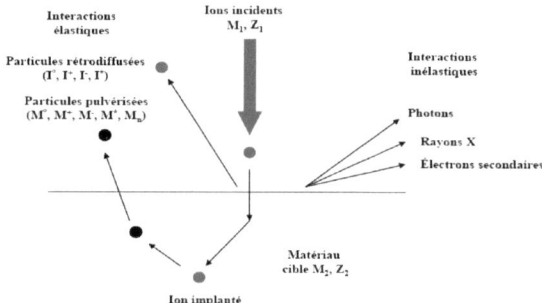

Figure I-7 : Les phénomènes mis en jeu lors de la pulvérisation ionique

On voit sur la figure I-8 qu'à faible énergie, l'ion incident se déplace sur la surface pour finalement s'y fixer par chimisorption ou physisorption sans modifier l'arrangement des atomes. Pour des énergies supérieures à la valeur seuil E_d, les atomes de la surface sont déplacés. Lorsque l'énergie de l'ion augmente, il pénètre dans la cible. On observe alors un phénomène d'éjection des atomes de la surface si on dépasse l'énergie seuil de pulvérisation E_p ou à l'implantation de l'ion incident dans la cible, si l'énergie est supérieure à E_i.

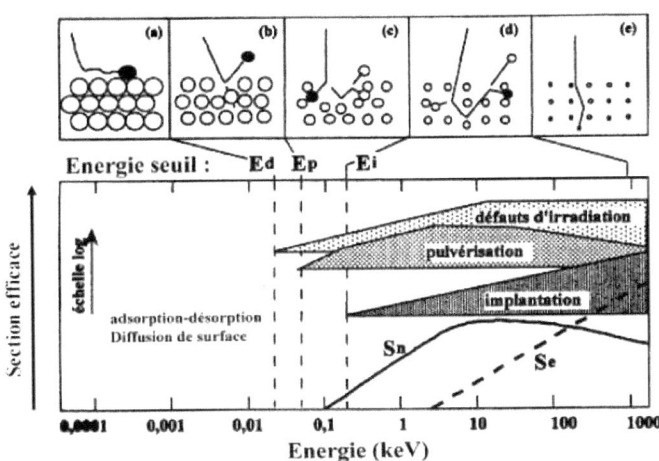

Figure I-8 : Mécanismes des collisions : (a) déplacement sur la surface, (b) réflexion par la surface, (c) pulvérisation de la surface par des simples collisions, (d) pulvérisation de la surface par des cascades de collisions, (e) implantation ionique [31].

D'un point de vue purement qualitatif, on peut distinguer trois régimes de pulvérisation [14] :

- le régime des collisions simples (figure I-9-a) : dans ce régime, l'énergie des projectiles est de quelques centaines d'eV. L'atome cible est directement heurté par l'ion et acquiert suffisamment d'énergie pour parvenir jusqu'à la surface, et être extrait, mais pas assez pour induire des sous-cascades de collisions,

- le régime des cascades linéaires (figure I-9-b) : dans ce régime, l'énergie des projectiles est de quelques keV ; les atomes cibles ont acquis suffisamment d'énergie pour engendrer des sous-cascades avec les autres atomes du matériau. C'est le cas de la pulvérisation utilisée dans nos conditions expérimentales, l'énergie des ions incidents est de 5 keV,

- le régime de pointes thermiques ou "spike" (figure I-9-c) : pour des énergies très supérieures au MeV, la densité des atomes mis en mouvement dans un même volume est grande. Si ce volume est proche de la surface, il y a évaporation des atomes qu'il contient.

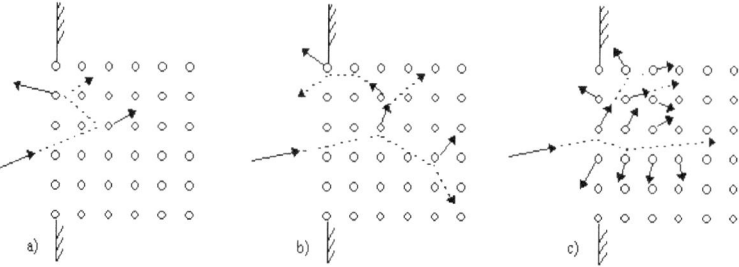

Figure I-9. a-c : Les différents régimes de la pulvérisation

a) Collisions simples : l'ion, lors de son déplacement dans le solide, finit par extraire un atome par un choc direct ion/atome,

b) cascades linéaires : l'ion incident crée des sous-cascades de collisions qui vont extraire un atome par un choc atome/atome,

c) pointes thermiques : il y a évaporation des atomes.

II- 1 Régime de collisions simples

La pulvérisation dans le régime de collisions simples est caractérisée par le faible nombre d'atomes mis en mouvement lors du ralentissement de l'ion projectile. Cette situation correspond à la pulvérisation induite par des ions de faible énergie cinétique ou par des ions légers (H, He de quelques keV) [32-34]. L'énergie transférée à un atome de recul n'est pas suffisante pour qu'une cascade de collision puisse se développer complètement (Fig. I-9-a).

Dans ce régime, la pulvérisation résulte de séquences de collisions spécifiques, dont la contribution doit être observée dans les distributions en angle et en énergie des atomes pulvérisés. Les études théoriques et expérimentales sur les collisions simples sont peu traitées dans la littérature car ils ne présentent pas d'intérêt précis.

II- 2 Régime de cascade linéaire

La pulvérisation dans ce régime a été intensivement étudiée par simulation numérique, en particulier à l'aide du code SRIM (Stopping and Range of Ions in Matter) adapté pour les cibles amorphes et le code ACAT (Atomic Collisions in Amorphous Targets). Les résultats obtenus ont pu être validés par comparaison avec les données expérimentales [35-37].

La figure 1.10 montre les trois régimes de collision impliqués lors de l'impact d'un faisceau d'ions avec la surface d'un solide.

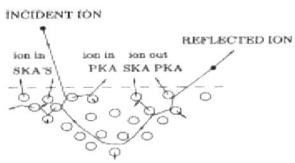

Figure I-10 : Pulvérisation dans le régime de collisions simples. Distinction de quatre processus de pulvérisation. PKA : Primary Knock-on Atom ; SKA : Secondary Knock-on Atom. Ion in: Le projectile entre dans le solide; Ion out: Le projectile rétrodiffusé [38].

La figure I-11 présente le rendement de pulvérisation calculé en fonction de l'énergie cinétique initiale d'un ion H^+ irradiant une cible de Ni sous incidence normale, ainsi que les contributions relatives des quatre processus de pulvérisation proposés par Eckstein [35,39] :
- éjection d'un atome primaire avec implantation du projectile, (PKA Ion in),
- éjection d'un atome primaire après rétrodiffusion du projectile, (PKA Ion out),
- éjection d'un atome secondaire avec implantation du projectile, (SKA Ion in),
- éjection d'un atome secondaire après rétrodiffusion du projectile, (SKA Ion out).

Les résultats de ces calculs montrent que le rendement de pulvérisation suit l'évolution du pouvoir d'arrêt nucléaire, le nombre d'atomes pulvérisés augmente jusqu'à une énergie de 1 keV, puis décroît pour des énergies supérieures. D'autre part, à basse énergie cinétique, la pulvérisation est essentiellement induite par l'éjection d'atomes de recul primaires lors de la rétrodiffusion du projectile.

Au contraire, pour des projectiles de grande énergie cinétique, l'énergie moyenne transférée lors des collisions est suffisamment importante pour que la pulvérisation d'atomes de recul secondaires soit dominant (*SKA*). Pour des projectiles de masse plus élevée, le processus de pulvérisation d'atomes de recul devient très rapidement dominant (ion in SKA).

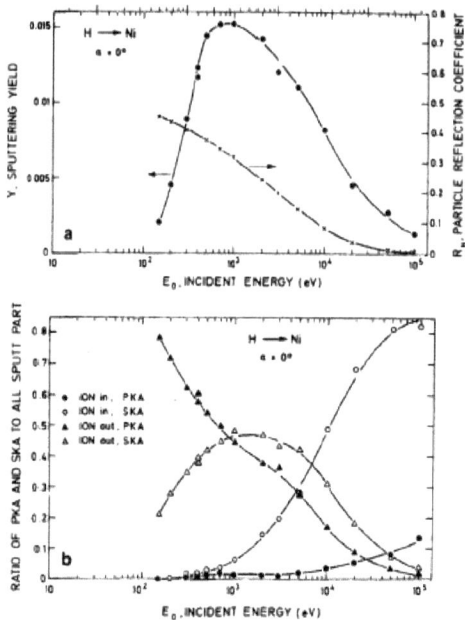

Figure I-11: Calcul de type Monte Carlo, pulvérisation de Ni (amorphe) par H⁺, en incidence normale. En haut pour le rendement de pulvérisation total en fonction de l'énergie cinétique initiale du projectile. En bas pour les quatre processus proposés par Eckstein [35]

La densité d'atomes impliqués dans une telle cascade est suffisamment faible pour que les collisions entre atomes mis en mouvement soient très rares (Fig. I-9-b). Dans ces conditions, les séquences de collisions peuvent être correctement décrites dans le cadre de la théorie du transport. Ce régime de collision est rencontré pour des projectiles dont l'énergie cinétique est de l'ordre du keV jusqu'à quelques centaines de keV, excepté pour les ions très lourds qui induisent une trop forte densité d'atomes en mouvement dans la cascade [14].

L'étude théorique de la pulvérisation dans le régime de cascade de collision linéaire a été menée en détails par P. Sigmund [13]. Le processus complet de pulvérisation peut être divisé en trois étapes, la première étant le ralentissement et la dissipation de l'énergie de l'ion, la seconde le développement de la cascade de collision et la troisième le passage d'un atome de la cascade de collision à travers la surface (atome pulvérisé). La distribution d'énergie théorique de la cascade de collision (spectre interne) se comporte comme E^{-n} avec $n \sim 2$ [40].

La théorie de collision en cascades linéaires de collision a été initialement développée pour des cibles amorphes par la résolution de l'équation du transport de Boltzmann, pour des sections efficaces de collision élastique de type Thomas-Fermi approximées en fonction puissance [13]. La validité de ce modèle peut être étendue aux cibles polycristallines. La probabilité qu'un atome en mouvement dans une cascade, parvenant à la surface du solide, puisse être éjecté, dépend de la représentation adoptée pour décrire les forces de liaison en surface. On distingue deux modèles principaux pour représenter l'énergie de liaison de surface. Le premier est un modèle à une dimension ; le *potentiel de surface sphérique*. Un tel potentiel implique un critère de franchissement de la surface immédiat : l'énergie cinétique de l'atome de recul doit être supérieure au potentiel de surface ($E > E_s$). Le second est un modèle à deux dimensions : le *potentiel de surface plan*. Dans ce cas, les forces de liaison sont orientées selon la normale à la surface. Il semble naturel de choisir une géométrie de potentiel identique à celle de la surface, mais le choix du potentiel plan doit être considéré avec précaution. Même dans le cas d'une surface idéale formée par une monocouche atomique sans défaut, la géométrie du potentiel d'interaction entre un atome et ses plus proches voisins n'est à priori pas plane. Il est même tout à fait probable que pour certaines structures cristallines, la force de liaison exercée sur un atome par ses plus proches voisins, soit minimale dans la direction perpendiculaire à la surface. Cette considération s'oppose au modèle de barrière de surface plane [13]. De plus, une surface réelle présente presque toujours de nombreux défauts, au moins à l'échelle atomique. On considèrera donc que le modèle du potentiel de surface sphérique n'est pas nécessairement inadéquat dans tous les cas de figure, mais que le choix du potentiel de surface plan reflète en générale l'aspect moyen de l'interaction d'un atome avec une surface.

En adoptant le modèle de barrière de surface plane, un atome arrivant à la surface avec une énergie E et un angle θ par rapport à la normale, est éjecté avec une énergie E' et un angle θ' tels que :

$$E'\cos^2\theta' = E\cos^2\theta - U$$
$$E' = E - U$$

En supposant un flux d'atomes isotrope dans le solide et une distribution en énergie de la forme E^{-2+2m}, le flux d'atomes pulvérisés (Φ) à travers une barrière de surface plane est caractérisé par la distribution triplement différentielle de Sigmund-Thompson [41].

$$\frac{d^3\Phi}{dEd^2\Omega} \propto \frac{E}{(E+U_s)^{2-2m}} \cos^n(\theta)$$

Cette équation représente la distribution de Sigmund-Thompson du flux d'atomes pulvérisés dans le cadre de la théorie des cascades de collisions linéaires et pour une barrière de potentiel de surface plane. Dans cette relation, θ correspond à l'angle par rapport à la normale à la surface du flux d'atomes pulvérisés dans l'angle solide différentiel. Le paramètre m est relatif aux potentiels d'interaction employés dans l'estimation des sections efficaces de collisions, il dépend donc du domaine d'énergie considéré. Ainsi, $m = 1$ décrit des diffusions de type Rutherford et $m = 0$ des collisions à basse énergie (qq. keV). Ce résultat montre que la dépendance angulaire du flux d'atomes pulvérisés doit correspondre à une loi puissance du cosinus de l'angle d'émission :

$$\frac{d\Phi}{d\Omega} \propto \cos^n(\theta)$$

Dans l'hypothèse d'un flux isotrope d'atomes, i.e. pas de dépendance angulaire de la distribution en énergie, l'émission d'atomes doit être caractérisée par une distribution angulaire en $cos^n\theta$. Généralement, le paramètre d'ajustement n est compris entre 1 et 2 sauf dans certains cas.

La valeur du potentiel de surface E_s est critique pour l'estimation du rendement de pulvérisation, puisqu'elle constitue une énergie de coupure en dessous de laquelle les atomes atteignant la surface ne pourront pas être pulvérisés. En général, la valeur de E_s est prise égale à l'énergie de sublimation du solide considéré et en accord avec les résultats expérimentaux qui montrent que la valeur effective de l'énergie de liaison de surface n'est pas très différente de l'énergie de sublimation. Cependant, dans le cas d'une surface parfaitement ordonnée, l'énergie nécessaire à l'extraction d'un atome perpendiculairement à la surface est supérieure à l'énergie de sublimation [42,43]. En effet, la sublimation d'une surface réelle a préférentiellement lieu à partir de sites où l'énergie de liaison des atomes est minimisée par un environnement particulier, c'est-à-dire à partir des défauts de structure en surface. Expérimentalement, l'écart attendu entre l'énergie de sublimation et l'énergie de liaison en surface dépendra essentiellement de la morphologie initiale de la surface bombardée ainsi que des modifications induites par les défauts créés au cours du bombardement.

II- 3 Régime de cascade non linéaire : régime de pointe

Lorsque la densité d'énergie déposée par le projectile atteint un certain niveau, la densité d'atomes mis en mouvement ne permet plus de considérer que les événements sont indépendants: une cascade n'est plus une séquence de collisions successives et indépendantes entre atomes en mouvement et atomes au repos. Le libre parcours moyen entre deux collisions impliquant deux atomes en déplacement, devient suffisamment petit pour pouvoir définir un volume dans lequel tous les atomes sont en mouvement (Fig. 9-c). Ce volume est appelé pointe [44,45].

Si les atomes en mouvement dans la pointe peuvent atteindre l'équilibre thermodynamique local, alors la distribution de leurs énergies cinétiques doit correspondre à une distribution de Maxwell-Boltzmann et le flux d'atomes traversant la surface est caractérisée par l'équation :

$$\frac{d^3\Phi}{dEd^2\Omega} \propto E e^{-E/kT_p} \cos\theta \qquad \text{(Distribution du flux d'atomes pulvérisés dans le régime de pointe.)}$$

où T_p correspond à la température de pointe [46].

III- Influence des paramètres du bombardement

III- 1 Angle d'incidence

L'analyse théorique du processus de pulvérisation établi par Sigmund [47] a montré que, pour des petits angles θ (θ étant l'angle que fait la direction des ions incidents avec la normale à la surface.), le rendement de pulvérisation **Y** est décrit par la loi $\cos^{-f}\theta$, cette prédiction est basée sur l'intégration de l'équation de transport de Boltzman. f est un coefficient qui dépend du rapport A = M_1 / M_2 (M_1 est la masse de l'ion incident et M_2 est la masse des atomes de la cible). Pour généraliser sur toute la gamme des angles d'incidence, Yamamura et al.[48] ont proposé une formule d'ajustement du rendement de pulvérisation en fonction de l'angle d'incidence :

$$\frac{Y(E_0,\theta)}{Y(E_0,0)} = \frac{e^{\left(f\left[1-\frac{1}{\cos\theta}\right]\cos\theta_{opt}\right)}}{\cos^f\theta}$$

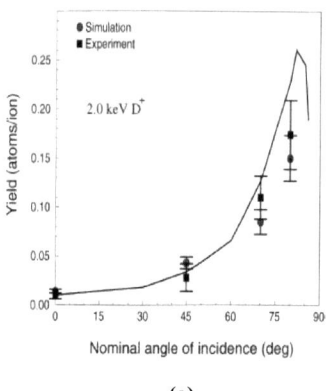 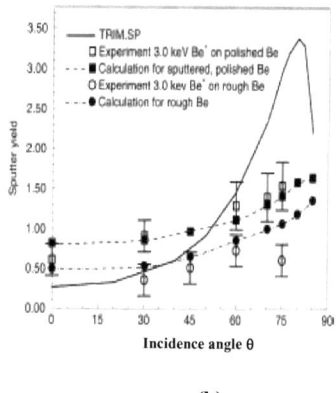

(a) (b)

Figure I-12 : (a)- Rendement de pulvérisation de l'isotope EK98 du graphite bombardé par des ions D$^+$ de 2 keV en fonction de l'angle d'incidence θ (simulation et expérience) [50].
(b)- Rendement de pulvérisation du béryllium (polie et rugueux) bombardé par des ions Be$^+$ de 3 keV en fonction de l'angle d'incidence θ (simulation et expérience) [51].

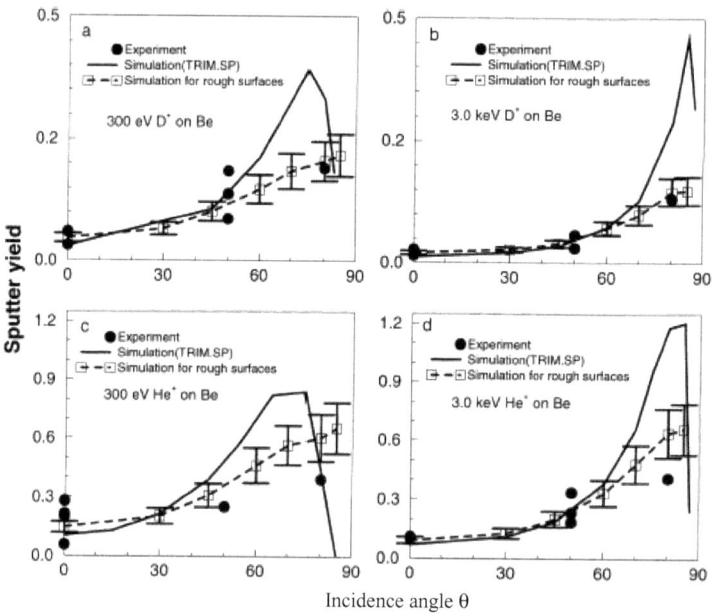

Figure I-13 : Rendement de pulvérisation du béryllium (rugueux) bombardé par des ions D$^+$ et He$^+$ à 3 et 300 keV en fonction de l'angle d'incidence θ (simulation et expérience) [51].

où $Y(E_0,\theta)$ est le rendement à une énergie E_0, et à un angle d'incidence θ. f et θ_{opt} sont des paramètres d'ajustement déduits à partir des données expérimentales [49]. θ_{opt} est l'angle d'incidence correspondant au maximum du rendement de pulvérisation, cet angle est compris entre 55° et 85° et dépend du rapport des masses A et de l'énergie du projectile. Par ailleurs, le modèle de Sigmund conduit pour A < 3 à une valeur constante de f égale à 5/3, alors que pour $M_1 \ll M_2$, la représentation suit en général une loi en $\cos^{-1}\theta$.

L'étude des résultats expérimentaux et de simulation de l'influence de l'angle d'incidence θ sur le rendement de pulvérisation **Y** montre des résultats plus au moins complexes. En effet, et sur les figures I-12 et I-13, le rendement de pulvérisation augmente avec l'angle d'incidence puis atteint un maximum pour des angles généralement compris entre 60 et 80°. Ceci montre que l'énergie déposée à la suite de la cascade de collision dans les couches les plus externes et le nombre d'atomes déplacés dans cette région augmente avec l'angle θ. Pour des angles supérieurs à 80°, le rendement de pulvérisation décroît brutalement. Cela explique que les ions incidents pénètrent moins dans le solide et sont à priori rétrodiffusés par les atomes de la surface. La figure I-12 montre que le rapport du rendement de pulvérisation entre une surface rugueuse et une surface bien polie peut atteindre un facteur 2.

III- 2 Energie et nature des ions incidents

Il a été établi (par Sigmund [13]) que le rendement de pulvérisation peut être exprimé comme suit :

$$Y = 0{,}042.\alpha\left(\theta, \frac{M_2}{M_1}\right)\frac{Z_1 Z_2 e^2}{\varepsilon_0 U_0}\frac{M_1}{M_2 + M_1} a_F S_n(\varepsilon)$$

où M_1, M_2 et Z_1, Z_2 sont respectivement les masses et les charges du projectile et de la cible. U_0 est l'énergie de liaison atomique, θ étant l'angle d'incidence. a_F est le rayon de Thomas-Fermi donné par :

$$a_F = \frac{0{,}885\ a_0}{\left(Z_1^{2/3} + Z_2^{2/3}\right)^{1/2}}.$$

$S_n(\varepsilon)$ est le rendement nucléaire qui est fonction de ε qui n'est autre que l'énergie réduite donnée par :

$$\varepsilon = \frac{1}{4\pi\varepsilon_0} \frac{M_2}{M_1 + M_2} \frac{a_F}{Z_1 Z_2 e^2} E_1$$

E_1 étant l'énergie du projectile.

Carter et al. [19] montrent, que pour les cibles Cu, Ni, Mo, Fe et W, l'évolution du rendement de pulvérisation en fonction de l'énergie des projectiles, présente un seuil de pulvérisation au-dessous de 10 keV. Ceci est vraisemblablement dû aux chocs entre l'ion projectile et la cible qui s'effectuent plus profondément ; ces observations sont en bon accord avec des simulations Monte Carlo (code ACAT [31]) (Fig. I-14). En effet, le rendement de pulvérisation croît en moyenne jusqu'à 10 keV, varie très peu entre la gamme d'énergie entre 10 et 100 keV et décroît à partir de 100 keV. Ceci peut être expliqué par le fait que pour des énergies relativement élevées, la pénétration des ions augmente pour atteindre des couches plus profondes de la cible ; les ions vont par conséquent s'implanter créant ainsi des défauts. En raison de cette implantation, l'énergie communiquée par le projectile aux couches les plus externes devient donc très faible et la probabilité d'éjection des atomes hors de la cible va ainsi diminuer.

L'estimation de l'énergie seuil de pulvérisation a fait l'objet de plusieurs études [52, 53]. La variation du taux de pulvérisation en fonction de l'énergie des ions est représentée sur la figure I-15. On constate que les deux courbes décroissent rapidement vers les faibles énergies, jusqu'à une valeur seuil E_{seuil} égale à 25 eV, valeur typique pour les métaux. Cette énergie correspond à l'énergie de déplacement E_d des atomes dans le matériau. Des études ont tenté de déterminer une relation de l'énergie seuil E_{seuil} en fonction de M_1, M_2 et E_s, mais la comparaison entre la théorie et les expériences montre que ce n'est pas applicable dans tous les cas. De manière générale, on distingue trois configurations :

• $M_1 << M_2$: l'ion léger ne peut directement éjecter un atome très lourd de la surface après un seul choc. Par contre, il est facilement rétrodiffusé par les atomes des couches sous-jacentes et peut alors éjecter en retour un atome de la surface. Le seuil de pulvérisation est alors :

$$E_{seuil} \approx \frac{M_2 . U_S}{4.M_1} \quad [14]$$

• $M_1 >> M_2$: l'ion très lourd dans une pulvérisation inclinée pénètre très peu sous la surface, mais peut directement éjecter un atome de celle-ci. L'énergie seuil sera alors :

$$E_{seuil} \approx \frac{U_S}{(1-\gamma)\gamma} \qquad \text{avec } \gamma = 4\frac{M_1.M_2}{(M_1+M_2)^2}$$

γ étant le coefficient de transmission maximale d'énergie [54].

• $M_1 \sim M_2$: la transmission d'énergie est efficace ($\gamma \sim 1$) et on mesure une énergie seuil proche de l'énergie de déplacement d'un atome dans le solide considéré. Ceci aboutit à la relation suivante :

$$E_{seuil} = 4 \times U_s \text{ [55]}.$$

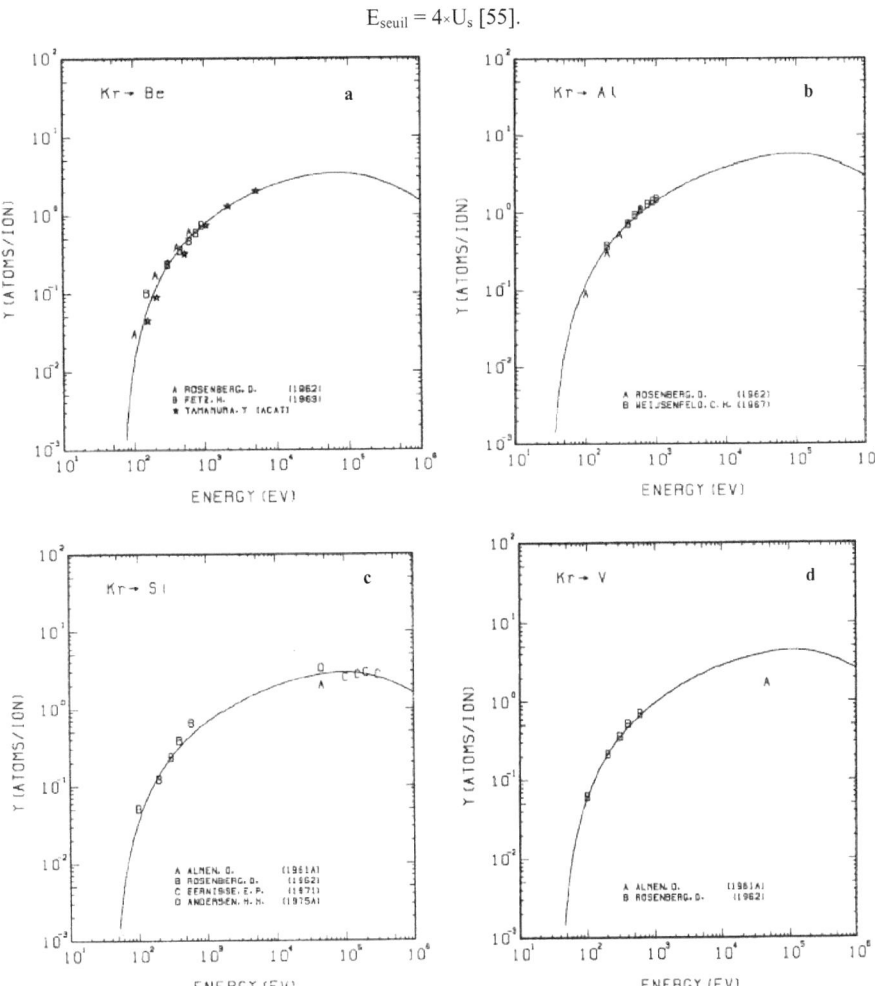

Figure I-14 : Rendement de pulvérisation obtenu par simulation (code ACAT) en fonction de l'énergie du projectile (Kr$^+$) pour différentes cibles
(a : béryllium - b : aluminium – c : silicium – d : vanadium) [ ].

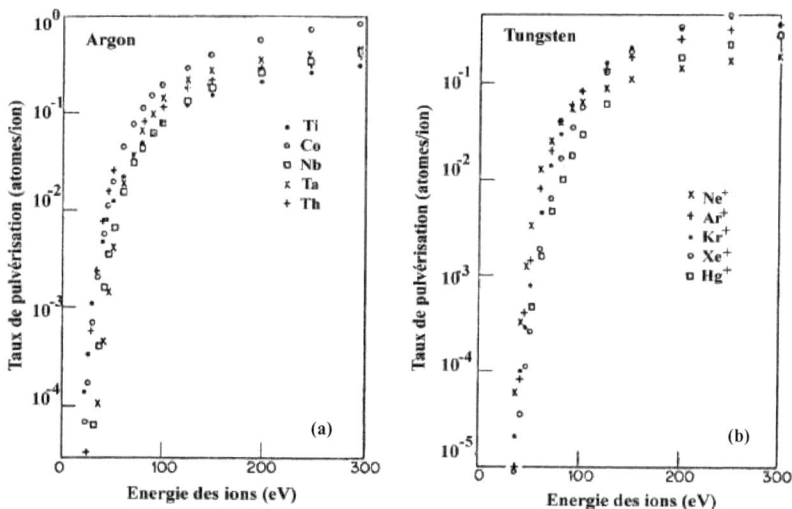

Figure I-15 : (a) : Variation du taux de pulvérisation de différents métaux pour des ions argon ;
(b) : variation du taux de pulvérisation du tungstène pour différents ions incidents [52].

La figure I-16 représente l'évolution du rendement de pulvérisation de l'aluminium et du cobalt en fonction de la nature de l'ion incident et de son énergie primaire sous incidence normale. Ainsi pour un faisceau d'ions argon de 1keV, les rendements de pulvérisation de l'aluminium et du cobalt sont respectivement $Y_{Al} = 1,8$ et $Y_{Co} = 1,5$.

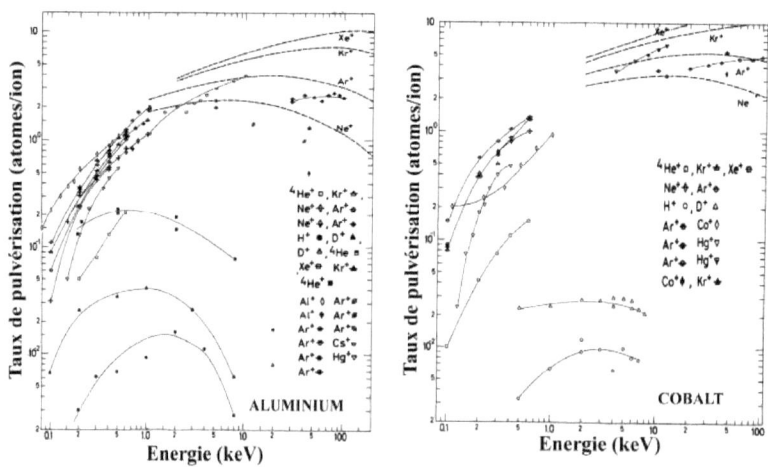

Figure I-16 : Taux de pulvérisation de l'aluminium et du cobalt en fonction de la nature et de l'énergie des ions incidents [55].

III- 3 Effet de l'atmosphère résiduelle

La pression du gaz résiduel au voisinage de la surface de l'échantillon bombardé, influe énormément sur le rendement de pulvérisation. Cet effet devient très important lorsqu'on introduit volontairement des composés chimiquement actifs tels que l'oxygène ou le césium. Le tableau I-1 montre cet effet et donne quelques valeurs du rendement de pulvérisation pour des métaux en fonction de la pression partielle d'oxygène. On remarque bien qu'il y a une diminution du rendement de pulvérisation S lorsque la pression de l'oxygène augmente. La présence d'oxygène provoque la formation par chimisorption d'une couche contenant des atomes métalliques et de l'oxygène dont la nature et l'épaisseur varient d'un métal à un autre. La liaison métal-oxygène est plus forte que celle entre les atomes métalliques et la vitesse de croissance des nouvelles couches formées est plus grande que celle de décapage des atomes superficiels ce qui conduit à une diminution du rendement de pulvérisation.

$15keV\ Ar^+$ sur	Cr	Zr	Ta	Ti	Cu
Cible propre (10^{-7} Pa)	4.1	3.1	2.6	2.7	6.6
$P_{oxy} = 10^{-5}$ Pa	3.8				
$P_{oxy} = 5.10^{-5}$ Pa	1.8				
$P_{oxy} = 10^{-4}$ Pa	0.9	1.2	2.0		
$P_{oxy} = 10^{-3}$ Pa	0.8		1.4	1.0	4.0

Tableau I-1 : Variation du rendement de pulvérisation pour certains métaux en fonction de la pression du gaz résiduel (oxygène) [56]

IV- Distribution angulaire

La théorie analytique des distributions angulaires considère que les cascades de collisions sont isotropes dans le régime des cascades de collisions linéaires. Cela signifie que les atomes pulvérisés qui pour leur grande majorité résultent des collisions non directes avec l'ion incident, ignorent la direction sous laquelle l'ion pénètre dans la cible ; ceci se traduit par une distribution angulaire des particules pulvérisées selon une loi en cosinus.

Avant de confronter les résultats expérimentaux de la littérature aux prédictions de la théorie, il est nécessaire de noter que deux groupes peuvent être distingués parmi les expériences réalisées pour déterminer la distribution angulaire des particules :

- celle étudiant une population bien déterminée (les neutres pulvérisés [57], les ions secondaires [58], les particules incidentes rétrodiffusées [59]) ;
- et celles étudiant globalement les pulvérisations [60].

Le premier groupe fait appel à des techniques d'acquisition en temps réel alors que le deuxième est basé sur l'analyse des dépôt réalisés sur un substrat disposés autour de la cible.

IV- 1 Allure générale du lobe d'émission

La disposition des substrats autour de la cible a été modifiée de façon à obtenir la distribution angulaire des particules issues de la pulvérisation ionique. Lors des expériences menées par C. Schwebel et al. [61] neuf substrats de silicium sont disposés en demi cercle autour de la cible. Le dépôt de silicium de chaque substrat est ensuite analysé par la technique de rétrodiffusion Rutherford. Ils obtiennent ainsi le lobe d'émission du matériau multiplié par le coefficient de collage.

La distribution angulaire des particules de silicium est décrite par une fonction en $\cos^2\alpha$ (où α est l'angle d'émission) quels que soit les gaz rares utilisés (Kr, Ar, Xe), l'énergie des ions incidents (10-20 keV), la densité de courant du faisceau (50-500 μAcm^{-2}) et l'angle d'incidence (15 à 45°). Le lobe d'émission du gaz rare est penché quel que soit le gaz rare utilisé ; l'angle pour lequel l'incorporation est maximum avoisine la réflexion spéculaire (Fig. I-17). La différence entre la distribution angulaire du gaz rare et celle du silicium montre la dissemblance des processus d'émission mis en jeu par chaque espèce.

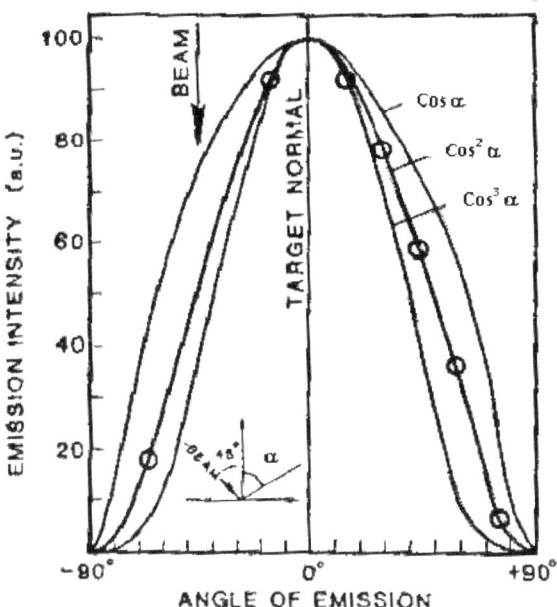

Figure I-17: Distribution angulaire des particules émises lors du bombardement d'une cible de silicium par des ions Xe$^+$ de 20 keV à 45°. Les traits continus représentent les fonctions cosα, cos$^2\alpha$ et cos$^3\alpha$ [18].

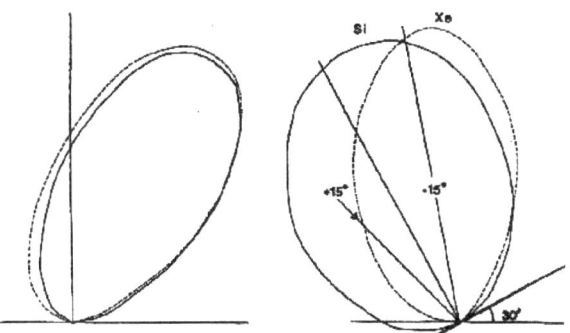

Figure I-19: Influence de l'énergie du faisceau d'ions Xe$^+$ incidents sur le lobe du gaz rare incorporé. En trait continu Xe$^+$ de 20 keV, en pointillés Xe$^+$ de 10 keV.

Figure I-20: Influence de l'angle d'incidence du faisceau d'ions Xe$^+$ sur les lobes d'émission du silicium et du gaz rare.

Afin d'identifier le ou les mécanismes responsables de l'incorporation de gaz rare, l'influence des paramètres du faisceau incident a été observée. Il en ressort que l'allure du lobe de gaz rare demeure inchangée quand on fait varier la masse de l'ion incident (Fig. I-17 [62]), ou son énergie (Fig. I-18 [61]) ou l'angle d'incidence par rapport à la normale à la surface de la cible (Fig. I-19 [61]). Par contre, lorsque ces paramètres changent, la concentration de gaz rare incorporé varie (Fig. I-20 [62]).

Lorsque le matériau cible est changé pour du tungstène [63], la distribution angulaire des particules de tungstène est identique à celle obtenue pour le silicium. Par contre, le lobe du gaz rare est quasiment symétrique par rapport à la normale à la cible lors du bombardement par des ions Ar. Dans ce cas, le tungstène étant beaucoup plus lourd que l'argon, une réflexion simple des ions sur la cible est à envisager.

De tous ces résultats, on peut dégager cependant une allure générale des distributions angulaires lorsque des techniques ultra-vide sont utilisées et que le régime de cascade linéaire de collision est valide. Au-delà d'une certaine valeur de l'énergie incidente la distribution est décrite par une fonction '' sous-cosinus ''. Au-delà de cette valeur de l'énergie incidente, la description mathématique de la distribution est une fonction '' sur-cosinus '' $\cos^2\alpha$, $1 < n < 3$

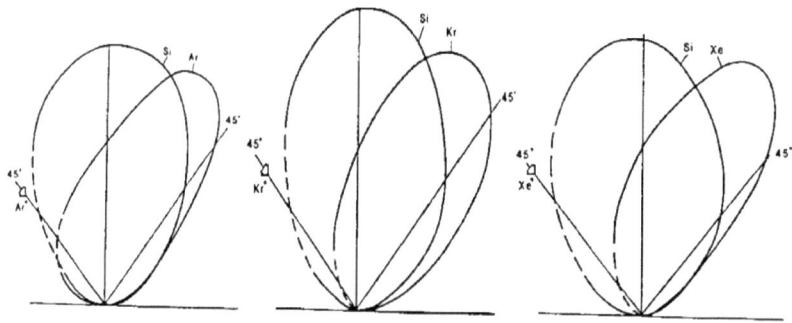

Figure I-18: Distributions angulaires des particules de pulvérisation issue d'un échantillon de Si et de gaz rare lors du bombardement par des ions Ar^+, Kr^+ et

où n varie selon les auteurs [58,64,65]. Nous reviendrons au cours du chapitre IV sur le développement du paramètre d'ajustement n.

Une autre approche proposée par V. Chermysh et al. [66] qui montre que la distribution angulaire des produits de pulvérisation issues d'une cible polycristalline de Pt soumis à un bombardement ionique de 1,5 - 9 H^+ keV suit une loi sur-cosinus. Cette distribution est pratiquement indépendante de la nature et de l'énergie des ions incidents. Ces résultats on été confrontés à un calcul théorique qui a révélé un bon accord (Fig. I-21 et I-22).

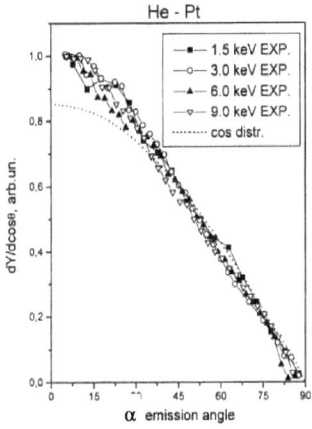 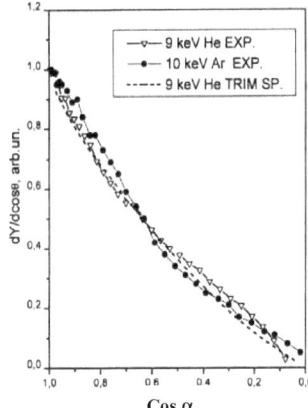

Figure I-21 : Distribution angulaire des atomes pulvérisés de Pt sous un bombardement ionique de He^+ à incidence normale [66].

Figure I-22: Comparaison des distribution angulaire des produit de pulvérisation des atomes de Pt pour 9 keV He^+ et 10 keV Ar^+ à incidence normale.[66].

IV- 2 Rugosité induite par faisceau d'ions

Le changement de la morphologie des surfaces lors du bombardement ionique a été découvert pour la première fois pendant les années 70 [67-79]. Depuis lors, plusieurs groupes de recherche ont fourni des résultats quantitatifs détaillés concernant les caractéristiques de ces changements de morphologie et la dynamique de formation des ondulations (i.e. la rugosité induite par bombardement ionique).

D'une manière générale la rugosité provoque la redéposition des produits de pulvérisation sur la surface bombardée lors d'un bombardement ionique. Cette rugosité dépend de plusieurs paramètres que nous allons évoquer dans ce paragraphe.

a) Rugosité induite par des processus stochastiques.

Chaque ion qui tombe au hasard sur la surface créé un cratère de profondeur moyenne ε. Après avoir atteint une profondeur moyenne $\overline{Z}$, la dispersion des profondeurs est donnée par :

$$2\sigma_z = \sqrt{\varepsilon}\ \overline{z}^{1/2}$$

Les effets cristallins de pulvérisation engendrent également un processus stochastique de rugosité. Si l'on considère un polycristal composé de grains de taille moyenne d orienté aléatoirement, du fait des différences de rendement de pulvérisation entre grains on obtient, après avoir érodé une épaisseur $z \gg d$, une dispersion des profondeurs donnée par :

$$2\sigma_z = \frac{2\sigma_S}{S}\sqrt{d}\ \overline{z}^{1/2}$$

où $\dfrac{2\sigma_S}{S}$ est la dispersion des rendements de pulvérisation, dont la valeur augmente avec l'énergie des ions incidents.

M. A. Makeev et al. [70] ont développé un formalisme mathématique en dérivant une équation stochastique non-linéaire continue pour décrire l'évolution de la morphologie des surfaces amorphes érodées par un bombardement ionique. Le solide étant représenté par un continuum. Ces auteurs ont prouvé que pour des faibles temps de bombardement, où l'effet des non-linéarités est négligeable, la théorie continue prévoit la formation d'ondulations. Ils ont démontré par ailleurs qu'en plus de la relaxation par diffusion thermique superficielle, le processus de pulvérisation peut également contribuer aux mécanismes formant le changement de la morphologie à la surface d'une cible durant le bombardement. Pour cela, ils ont calculé explicitement une constante de diffusion caractérisant cet effet qui est le responsable de la formation d'ondulation observée dans diverses expériences [71-75]. En revanche, pour des temps de bombardement longs, les limites non-linéaires dominent l'évolution de la morphologie.

b) Rugosité induite par l'angle d'incidence

Lors d'un bombardement ionique, l'un des paramètres expérimentaux les plus faciles à changer durant est l'angle d'incidence θ des ions incidents. En conséquence, de nombreuses recherches ont étudié l'effet de θ sur la formation des morphologies rugueuses. Ces résultats montrent que ces structures rugueuses apparaissent seulement pour une gamme limitée d'angles d'incidence, qui, selon des matériaux et des ions impliqués, varient typiquement entre 30° et 60°. Stevie et al. [76] ont observé des changements de rendement d'ions secondaires corrélés avec le début du changement de la morphologie lors de la pulvérisation du silicium par des ions O_2^+ de 6 et 8 kev et lors de la pulvérisation du GaAs par des ions O_2^+ de 8, 5,5 et 2,5 keV à des angles d'incidence entre 39° et 52°. Ces résultats ont été confirmés par Karen et al. [72,77], qui ont étudié la formation des structures rugueuses sur une surface de GaAs soumise à un bombardement ionique de 10,5 keV de O_2^+. Ils ont constaté que la formation de ces structures se manifeste pour des angles d'incidence entre 30° et 60° [72]. De même, Wittmaack [78] a constaté que la formation de ces structures rugueuses se produit à des angles d'incidence compris entre 32° et 58° lors du bombardement d'une cible de silicium par des ions O_2^+ de 10 keV.

c) Effet de la fluence des ions incidents

L'effet du flux des ions incident sur la morphologie des surfaces bombardées a été étudié par Chason et al. [79,80]. Dans ces expériences un échantillon de SiO_2 a été bombardé par un faisceau d'ions Xe^+ de 1 keV sous un angle d'incidence de 55°. Le flux des ions incident étant de 10^{13} cm^{-2}s^{-1}. La surface bombardée est ensuite analysée par AFM. Ces auteurs ont constaté que la rugosité de surface, qui est proportionnelle à l'amplitude des ondulations induite par pulvérisation, augmente linéairement avec la fluence. Des expériences semblables ont été entreprises sur des surfaces de Ge (0 0 1) [81] bombardées par des ions de Xe^+ de 0,3, 0,5 et 1 keV à une température de 350° C. Pour des valeurs supérieures à 3 µA/cm² et des fluences supérieures à 6×10^{16} cm^{-2}, la rugosité augmente avec le carré du flux.

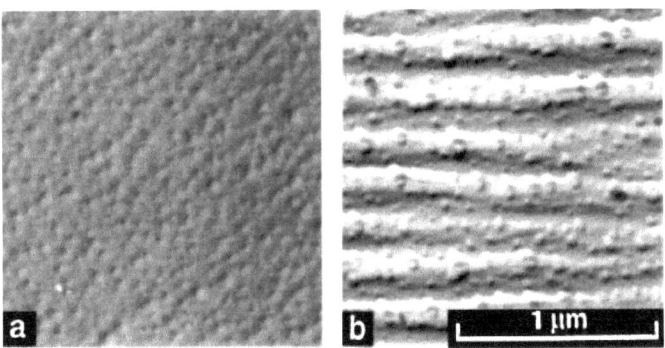

Figure I-23 : Micrographies obtenues par microscopie électronique à transmission des surfaces de InP lors du bombardement à incidence de 71° pour différentes fluences des ions Ar^+ de 5 keV. (a) : 5x10^{16} Ar^+/cm² - (b) : 2x10^{18} Ar^+/cm² [82].

La figure I-23 présente deux images obtenues par microscopie électronique à transmission qui mettent en évidence l'effet de la fluence des ions incidents sur la formation des structures rugueuses lors du bombardement des surfaces de InP par des ions Ar^+ de 5 keV. Ces images sont réalisées pour deux fluences : $5{\times}10^{16}$ Ar^+/cm^2 et $2{\times}10^{18}$ Ar^+/cm^2. L'ensemble des résultats montre que les ondulations sont graduellement développées à partir des cônes quand la fluence des ions incidents augmente [82].

d) Effet de l'énergie des ions incidents

Plusieurs études ont fait état de la dépendance des longueurs d'onde des ondulations avec les énergies des ions incidents [72,77]. Ces expériences montrent que cette longueur d'onde notée ℓ varie linéairement avec l'énergie des ion incidents suivant la loi : $\ell \sim \varepsilon \cos\theta$. Des résultats similaires ont été obtenus [83] en étudiant la formation des structures rugueuses en utilisant la technique SIMS et le MEB lors du bombardement d'une cible de Si (001) par des ions primaires de O_2^+ avec des énergies comprises entre 1.5 et 9 keV. Une absence de formation des ondulations est constatée dans le cas du bombardement du même échantillon mais à des énergies inférieures à 1,5 keV de Ar^+. L'ensemble de ces résultats montre que la longueur d'onde des ondulations croit linéairement de 100 à 400 nm quand l'énergie passe de 1 à 9 keV. En outre, ils ont donné une relation empirique liant la profondeur de pénétration de l'ion primaire a et la longueur d'onde d'ondulation par la relation $\ell = 40\ a$. Des résultats plus récents obtenue par Umbach et al. [73] ont fourni davantage le rapport linéaire entre l'énergie des ions incidents et la longueur d'onde des ondulations pour le cas d'une cible de SiO_2.

e) Effet de la température

L'un des paramètres qui influe sur la formation des structures rugueuses après bombardement ionique, et plus particulièrement sur les longueurs d'onde d'ondulations, est la température du substrat bombardé. Deux comportements différents sont à distinguer :
- à des températures très élevées (de l'ordre de 800°C), la dépendance est exponentielle entre la longueur d'onde d'ondulation et la température.
- à basse température (de l'ordre de -50°C), la longueur d'onde d'ondulation est constante.

Une série d'expériences sur la dépendance de la température sur la formation des ondulations sont décrites par MacLaren et al. [84]. Ces auteurs ont étudié cette dépendance en bombardant des surfaces de InP et GaAs respectivement par des ions Cs^+ de 17,5 keV et O^{2+} de 5,5 keV à des températures comprises entre -50°C et 200°C. Pour le cas du bombardement d'une surface de GaAs par des ions Cs$^+$, la longueur d'onde des ondulations décroît de 0,89 à 2,1 nm quand la température décroît de 0 à 100°C. Ils ont attribué ces résultats à l'apparition des radiations qui augmente la diffusion.

Récemment, Umbach et al. [73] ont étudié la formation des ondulations par pulvérisation d'une surface de SiO$_2$ sous bombardement ionique d'Ar$^+$ de 0,5 - 2,0 keV. Ces auteurs ont étudié la dépendance de la température avec la longueur d'onde d'ondulation ℓ pour des températures allant de l'ambiante à 800°C. Ils ont constaté que pour des T ≥ 400°C, la longueur d'onde d'ondulation suit une loi d'Arrhenius $\left(\dfrac{1}{T^{1/2}}\right)\exp\left(\dfrac{-\Delta E}{2k_B T}\right)$. Cependant, pour les faibles températures, la longueur d'onde d'ondulation est indépendante de la température.

Des études par microscopie électronique à balayage montrent que la morphologie d'une surface initiale est transformée après une haute fluence d'irradiation ionique (Fig. I-24). A des températures T < 190°C, le cratère, qui avait initialement une surface semi lisse, se développe. La pulvérisation ionique à T > 190°C à comme conséquence la formation d'ondulation plus douce avec la présence des cônes moins pointus [85].

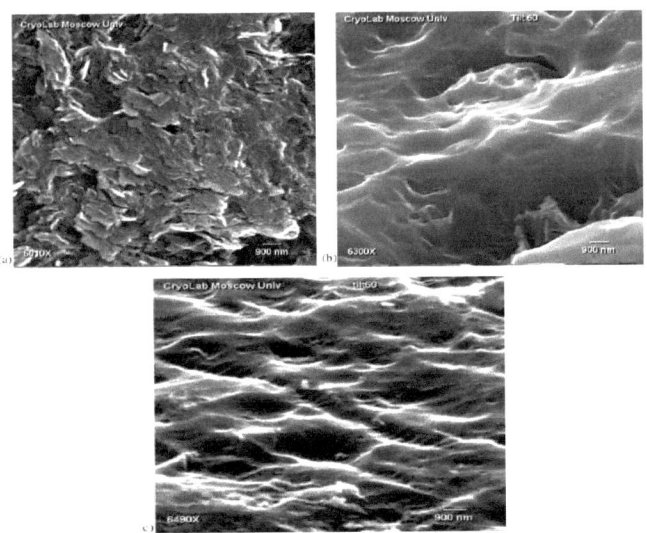

Figure I-24 : Images obtenues par microscopie optique à balayage
des surfaces de graphites :
avant bombardement par des ions N$_2^+$ à incidence normale (a),
après bombardement à T=50°C (b)
et à T=350°C (c) [85].

V- La pulvérisation d'un alliage

Quand la cible est composée de plusieurs espèces atomiques, la pulvérisation est alors plus complexe. Dans le cas d'un composé binaire AB pulvérisé par des ions I, on distingue cinq types de collisions : I/A, I/B, A/A, A/B, B/B. Le coefficient de transmission d'énergie $\gamma = 4 M_1 . M_2 / (M_1 + M_2)^2$ utilisé dans l'évaluation de l'énergie seuil lorsque $M_1 \gg M_2$ (cf. III.2) est différent pour chacun de ces cinq types de collisions.

Ainsi, la répartition de l'énergie déposée n'est pas proportionnelle aux concentrations des différents atomes constituant la cible. Par ailleurs, l'énergie de surface joue un rôle important dans le phénomène de pulvérisation. Pour le composé AB, les énergies de liaisons entre les atomes A et B sont différentes. On peut donc penser à une éjection préférentielle des atomes les moins liés en surface.

Dans cette description, on fait l'hypothèse que les propriétés des matériaux, telles que la densité, la structure cristalline et la texture, n'ont aucune influence sur le taux de pulvérisation. Mais il faudrait tenir compte de l'éventuelle inhomogénéité de composition du solide, ainsi que celle provoquée par l'érosion ionique. Toutes ces hypothèses montrent que l'étude de la pulvérisation d'un composé est complexe car elle nécessite un contrôle de la composition de la surface du solide bombardé et de la matière pulvérisée. La pulvérisation d'un composé entraîne une modification de la composition de surface. Cette modification intervient dans une zone dite couche altérée. Il y a alors un enrichissement en surface de l'espèce la plus difficile à pulvériser comme on le voit sur la figure I-25 :

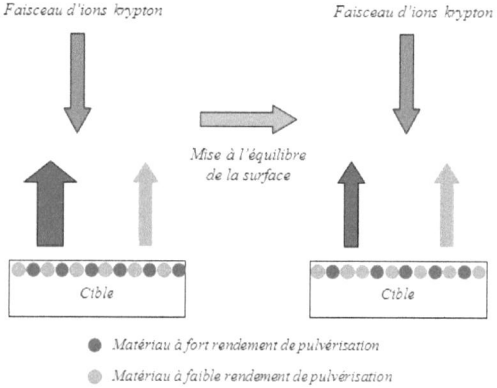

Figure I-25 : Modification de la composition de la surface d'une cible composée de deux matériaux

L'examen approfondi du phénomène indique que la pulvérisation d'un composé comporte un régime transitoire pendant lequel la composition de surface et la composition des produits pulvérisés changent au cours de l'érosion. Ensuite on voit apparaître un régime permanent. Pour le comprendre, on se propose de suivre la composition de la surface et la composition des produits de pulvérisation d'un alliage A-B de concentrations nominales uniformes C_A et C_B (Fig. I-26). On suppose que l'espèce B se pulvérise plus facilement que l'espèce A.

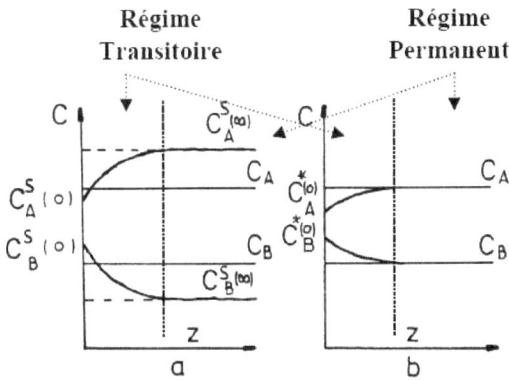

Figure I-26 : Evolution de la composition moyenne de surface (a), et de la composition des produits de pulvérisation (b) pour un alliage A-B de concentrations nominales uniformes C_A et C_B [86].

Avant le début de l'érosion, on note les compositions à la surface de la cible $C^S_A(0)$ et $C^S_B(0)$. Puisque B se pulvérise plus facilement que A, la composition des produits pulvérisés $C^*_A(0)$ et $C^*_B(0)$ est enrichie en B par rapport à la composition de la surface au démarrage de la pulvérisation. Lorsque l'érosion ionique se poursuit, la surface s'appauvrit progressivement de l'espèce B jusqu'à atteindre les compositions finales $C^S_A(\infty)$ et $C^S_B(\infty)$ différentes de la composition initiale de la cible. La composition des flux des produits pulvérisés évolue jusqu'à la composition initiale de la cible.

Cette analyse montre que le dépôt d'un alliage nécessite une pulvérisation préalable de la cible pendant un temps qui permet d'atteindre le régime permanent, et ainsi conserver la stoechiométrie de la cible dans le film déposé, si les coefficients de collage des atomes composant la cible sont proches.

Références

[1] S. Focardi, S. Ristori, S. Mazzuoli, A. Tognazzi, D. Leach-Scampavia, D. G. Castner, C. Rossi, Colloids and Surfaces A: Physicochem. Eng. Aspects 279 (2006) 225–232.

[2] J. Pisonero, B. Fernandez, R. Pereiro, N. Bordel, A. Sanz-Medel, Trends in Analytical Chemistry, 25 (2006) 1.

[3] L. Johansson, J. M. Campbell, P. Fardim, A. H. Hultén, J. P. Boisvert, M. Ernstsson, Surf. Sci. 584 (2005) 126–132.

[4] H.A. El-Dahan, T.Y. Soror, R.M. El-Sherif, Materials Chemistry and Physics 89 (2005) 268–274.

[5] H.J. Whitlow, Y. Zhang, C.M. Wang, D.E. McCready, T. Zhang, Y. Wu, Nucl. Instr. and Meth. In Phys. Res. B 247 (2006) 271–278.

[6] W.R. Grove, Philos. Mag. 5, 203 (1853).

[7] J. Plücker, Ann. Phys. Chem., 13, 88, (1858).

[8] V. Kohlschutter et R. Muller, Z. Elektrochem., 12,365, (1906).

[9] E. Goldstein, Verh. Dtsch. Phys. Ges., 4, 228, 237 (1902).

[10] R.C. Bradley, Phys. Rev. 93, 719, (1954).

[11] F. Keywell, Phys. Rev., 97, 1611, (1955).

[12] W.J. Moore, Amer. Sc., 48, 109, (1960).

[13] P. Sigmund, Phys. Rev. 184 (1969) 383; Phys. Rev. 187 (1969) 768.

[14] P. Sigmund, Topics Appl. Phys., 47, 9, (1981).

[15] P. Sigmund, A. Oliva and G. Falcon, Nucl. Instr. and Meth. B 194 (1982) 541.

[16] P. Sigmund, Nucl. Instr; and Meth. B 26 (1987) 375.

[17] P. Sigmund, Nucl. Instr, and Meth. B27 (1987) 1.

[18] G.K. Wehner, Phys. Rev., 102, 690, (1956).

[19] G. Carter et J.S. Colligon, "Ion bombardment of solids", Heinemann Educational Books Ltd., London, 310, (1968).

[20] P. Sigmund, Rev. Roum. Phys., vol. 17, n°9, p. 1079-1106, (1972).

[21] P.C. Zalm, Surf. Interface Anal., 11, 1, (1988).

[22] V.A. Molchanov & V.G. Tel'kovskii, Sov. phys., 6, 2, 137, (1961).

[23] H. Oechsner, Z. Physik, 261, 37, (1973).

[24] R. Kelly et N.Q. lam, Rad Effects, 19, 39, (1973).

[25] J.H. Wandass et al., Appl. Surf. Sc., 40, 85, (1989).

[26] H.H. Andersen, Rad. Effects, 3, 51, (1970).

[27] Y. Okajima, J. Appl. Phys., 51, 715, (1980).

[28] A. E. Morgan, H. A. M. de Grefte, N. Warmoltz, H. W. Werner et H. J. Tolle, Appl. Surf. Sci., 7 (1981) 372.

[29] R.C. Birtcher, S.E. Donnelly, S. Schlutig, Phys. Rev. Letters 85, (2000) 4968.

[30] P.-G. Fournier, O. Varenne, J. Baudon, A. Nourtier, T.R. Govers, Applied Surf. Sci. 225 (2004) 135–143.

[31] C. Maunoury, thèse de l'université Paris XI, 2003.

[32] Y. Yamamura, H. Tawara, At. Data. Nucl. Data Tab., 62, 149 (1996).

[33] G. Falcone, Surf. Sci., 187, 212 (1987).

[34] G. Falcone, F. Gullo, Phys. Lett. A125, 432 (1987).

[35] J.P. Biersack and W. Eckstein, Appl. Phys. A 34, 73 (1984).

[36] J.P. Biersack, Nucl. Instr. Meth. B27, 21 (1987)

[37] W. Takeuchi, Y. Yamamura, Radiat. Eff., 71, 53 (1983).

[38] V. S. Chernysh, W. Eckstein, A. A. Haidarov, V. S. Kulikauskas, E. S. Mashkova, V. A. Molchanov, Nucl. Instr. And Meth. B 160 (2000) 221-230.

[39] W. Eckstein, Computer Simulation of Ion-Solid Interaction (Springer-Verlag, 1991).

[40] M.T. Robinson, Phil. Mag., 12, (1965)145.

[41] W. Thompson, Philos. Mag., 18, 377 (1968).

[42] B.J. Garisson, N. Winograd, D. Lo, T.A. Tombrello, M.H. Shapiro, D.E.Harrison, Surf. Sci., 180, 129 (1987).

[43] H. Gades, H.M. Urbassek, Nucl. Instr. and Meth. In Phys. Res. B 29, 232 (1992).

[44] D.A. Thompson, Radiat. Eff. , 56, 105 (1981).

[45] Kelly 1979 R. Kelly, Surf. Sci., 90, 280 (1979).

[46] M.W. Thompson, Nucl. Instr. and Meth. In Phys. Res. B 18, 411 (1987).

[47] P. Sigmund, Sputtering by ion bombardment: Theoretical concepts, dans: R. Behrish (Ed.), Sputtering by Particle Bombardment, Vol. I, Springer, Berlin, 1981, p. 9.

[48] Y. Yamamura, H. Tawara, Energy Dependence of Ion-Induced Sputtering Yields from Monoatomic Solids at Normal Incidence, Report NIFS-Data-23, 1995, p. 1.

[49] W. Eckstein, C. Garcia-Rosales, J. Roth, W. Ottenberger, Sputtering Data, IPP Report 9/82, 1993.

[50] M. Kustner, W. Eckstein , V. Dose, J. Roth, Nucl. Instr. and Meth. B 145 (1998) 320-331.

[51] M. Kustner, W. Eckstein, E. Hechtl, J. Roth, Journal of Nuclear Materials 265 (1999) 22-27.

[52] Oubensaid, thèse de l'université Paris XI, 2006.

[53] C. Macé, thèse de l'université Paris XI, 2001.

[54] J. Bohadsky, J. Roth, H.L. Bay, J. Appl. Phys., 51, p.2861, 1980.

[55] H. H. Andersen, H. L. Bay, Topics in Appl. Phy., 47, p.145, 1981.

[56] G. Betz, W. Husinky, Nucl. Inst. Meth. Phys. Res., B13 (1986) 343.

[57] Y. Matsuda, Y. Yamamura, Y. Ueda, K. Uchino, K. Muraoka, M. Maeda et M. Akazaki, Jap. J. Appl. Phys. 25 n°1 (1986) 8.

[58] J. F. Hennequin, J. de Physique 29 (1968) 957.

[59] M. Mannami, K. Kimura et A. Kyoshima, Nucl. Instr. and Meth. In Phys. Res. B 185 (1981) 533.

[60] P. -G. Fournier, O. Varenne, J. Baudon, A. Nourtier et T. R. Govers, Appl. Surf. Sci., 30 (2004), 135-143.

[61] C. Pellet, Thèse de l'Université Paris-sud, 1985.

[62] C. Schwebel, C. Pellet et G. Gautherin, Nucl. Instr. and Meth. In Phys. Res. B 18 (1987) 525.

[63] F. Meyer, "Etude des inhomogénéités à l'interface Métal/$Si_{1-x-y}Ge_xC_y$", Thèse d'état de l'Université Paris-sud, 1993.

[64] W. Huang, Surf. Sci, 202 (1988) 459.

[65] V. I. Shulga, Nucl. Instr. and Meth. In Phys. Res. B 164-165 (2000) 733-747.

[66] V.S. Chernysh, W. Eckstein, A.A. Haidarov, V.S. Kulikauskas, E.S. Mashkova, V.A. Molchanov, Nucl. Instr. Methods B 160 (2000) 221-230.

[67] D.J. Barber, F.C. Frank, M. Moss, J.W. Steeds, I.S. Tsong, J. Mater. Sci. 8 (1973) 1030.

[68]] F. Vasiliu, I.A. Teodorescu, F. Glodeanu, J. Mater. Sci. 10 (1975) 399.

[69] G. Carter, B. Navin_sek, J.L. Whitton in Vol. II of Ref. [2], p. 231.

[70] M. A. Makeev, R. Cuerno, A. L. Barabasi, Nucl. Instr. and Meth. In Phys. Res. B 197 (2002) 185–227

[71] A. Karen, K. Okuno, F. Soeda, A. Ishitani, J. Vac. Sci. Technol. A 4 (1991) 2247.

[72] A. Karen, Y. Nakagawa, M. Hatada, K. Okuno, F. Soeda, A. Ishitani, Surf. Interf. Anal. 23 (1995) 506.

[73] C.C. Umbach, R.L. Headrick, B.H. Cooper, J.M. Balkely, E. Chason, Bull. Am. Phys. Soc. 44 (1) (1999) 706.

[74] G. Carter, V. Vishnyakov, Phys. Rev. B 54 (1996) 17647.

[75] E. Chason, J. Erlebacher, M.J. Aziz, J.A. Floro, M. Sinclair, Nucl. Instr. and Meth. B 178 (2001) 55.

[76] F. A. Stevie, P. M. Kahora, D. S. Simons, P. Chi, J. Vac. Sci. Tech. A 6 (1988) 76.

[77] A. Ishitani, A. Karen, Y. Nakagawa, M. Uchida, M. Hatada, K. Okuno, F. Soeda, in: A. Benninghoven, K.T.F. Jansen, J. Tiimpner, H.W. Werner (Eds.), Proceedings of the 8th International Conference on Secondary Ion Mass Spectroscopy, SIMS VIII, Wiley, Chichester, 1992.

[78] K. Wittmaack, J. Vac. Sci. Technol. A 8 (1990) 2246.

[79] E. Chason, T. M. Mayer, B. K. Kellerman, D. T. McIlroy, A. J. Howard, Phys. Rev. Lett. 72 (1994) 3040.

[80] T. M. Mayer, E. Chason, A. J. Howard, J. Appl. Phys. 76 (1994) 1633.

[81] E. Chason, T. M. Mayer, B. K. Kellerman, Mat. Res. Soc. Symp. Proc. 396 (1996) 143.

[82] J. B. Malherbe, Nucl. Instr. and Meth. in Phys. Res. B 212 (2003) 258–263.

[83] J. J. Vajo, R. E. Doty, E. -H. Cirlin, J. Vac. Sci. Technol. A 14 (1996) 2709.

[84] S. W. MacLaren, J. E. Baker, N. L. Finnegan, C. M. Loxton, J. Vac. Sci. Technol. A 10 (1992) 468.

[85] A. M. Borisov, E. S. Mashkova, A. S. Nemov, Vacuum 73 (2004) 65–72

[86] C. Maunoury, "Etude et élaboration d'hétérostructures d'oxyde par pulvérisation ionique sous ultra-vide", thèse de l'université Paris XI, (2003).

Chapitre II
Dispositifs expérimentaux

Introduction

Les études expérimentales de l'interaction d'ions de gaz rare sur des surfaces métalliques ont été effectuées sur deux appareils. Le premier est l'appareil de recherche ESSO (Etude des Surfaces par Spectroscopie Optique) du laboratoire de Spectroscopie de Translation et des Interactions Moléculaires (STIM) de l'Université Paris-Sud. Le deuxième est dénommé ASSO (Analyse des Surfaces par Spectroscopie Optique) de l'équipe SIAM de l'Université Cadi Ayyad à Marrakech.

La méthode consiste à envoyer un faisceau d'ions monocinétique sur une cible orientable et à identifier les particules éjectées grâce à l'observation des photons émis de l'infra-rouge jusqu'à l'ultra-violet proche. De plus, des produits de pulvérisation sont recueillis sur une feuille de Mylar ce qui permet l'étude des distributions angulaires des produits de pulvérisations issues de différentes cibles et alliages.

Ces techniques ont fait l'objet de plusieurs études notamment pour déterminer les distributions de vitesse mesurées par élargissement et déplacement Doppler des profils de raies spectrales.

I- L'appareil de recherche installé à Orsay (Laboratoire STIM).

L'appareil de recherche installé à Orsay est nommé ESSO (Etude de Surface par Spectroscopie Optique). Ce spectromètre a été conçu et réalisé au laboratoire de spectroscopie de translation (STIM) et il est présenté sur la figure II-1. Il est destiné à l'étude de la pulvérisation de surfaces en ultravide. Il comporte une source d'ions dans laquelle sont formés les ions de gaz rares et une partie intermédiaire destinée à la sélection des ions et à l'affinage du faisceau. Le faisceau d'ions est conduit vers la cible grâce à des lentilles focalisatrices et des déflecteurs électrostatiques. Le faisceau d'ions est conduit vers la cible à l'intérieur de l'enceinte-échantilllons, grâce à des lentilles focalisatrices et des déflecteurs électrostatiques et enfin, une chaîne de détection de lumière couplée à un système d'acquisition de données.

I- 1 Canon à ions

a) Source

La source d'ions (Fig.II-1) du type monoplasmatron a été construite au laboratoire. Elle est formée d'un cylindre en acier inoxydable, de 127 mm de longueur et de 35 mm de diamètre interne. Le corps de la source, isolé du reste de l'appareil par une bride en téflon, est porté à haute tension pour faire fonction d'anode. Il est percé d'un trou (Φ=0,8 mm) situé à 7 mm de la cathode, un filament de tantale (pureté 99,9%) de 0,5 mm de diamètre enroulé en double spirale. Une vanne Varian à faible débit munie d'un manchon isolant, est également portée à haute tension et raccordée par l'intermédiaire d'un tuyau d'isolation en téflon à la bouteille contenant le gaz (krypton, Air Liquide N45) à ioniser. La stabilité du générateur haute tension utilisé (Fluke, Modèle 410B) est de l'ordre de $\pm$ 0,1 Volt. L'alimentation en courant du filament (P. Fontaine type A 1468) est asservie au courant de décharge.

Après l'introduction du gaz dans la source à une pression de $5 \cdot 10^{-6}$ torr, on augmente progressivement l'intensité du courant dans le filament. Porté à incandescence, il émet des électrons qui sont accélérés grâce à une différence de potentiel U_{acc} de 60 V maintenue entre l'anode et le filament. Ces électrons ionisent par collision les atomes G du gaz selon la réaction:

$$G + e^-_{filament}(E_c) \rightarrow G^+ + e^-_G + e^-_{filament}(E_c - I) \quad (1)$$

Ec est l'énergie cinétique des électrons incidents au moment du choc, I le potentiel d'ionisation du gaz G.

Les électrons e^-_G accélérés par le gradient de potentiel sont à leur tour susceptibles d'ioniser d'autres atomes G; il se produit des réactions en cascade jusqu'à l'établissement d'une décharge de 200 mA. La source dégage une puissance estimée à 100 W. Le refroidissement est assuré par un système à circulation d'eau, (débit 20 l/min environ), et un ventilateur.

Seuls les ions formés au niveau du trou de l'anode sont extraits de la source. Les autres, formés dans l'espace compris entre le filament et l'anode descendent le potentiel dans la direction du filament et le pulvérisent. On comprend l'intérêt substantiel que l'on retire à travailler avec de faibles tensions d'accélération pour prolonger la durée de vie du filament.

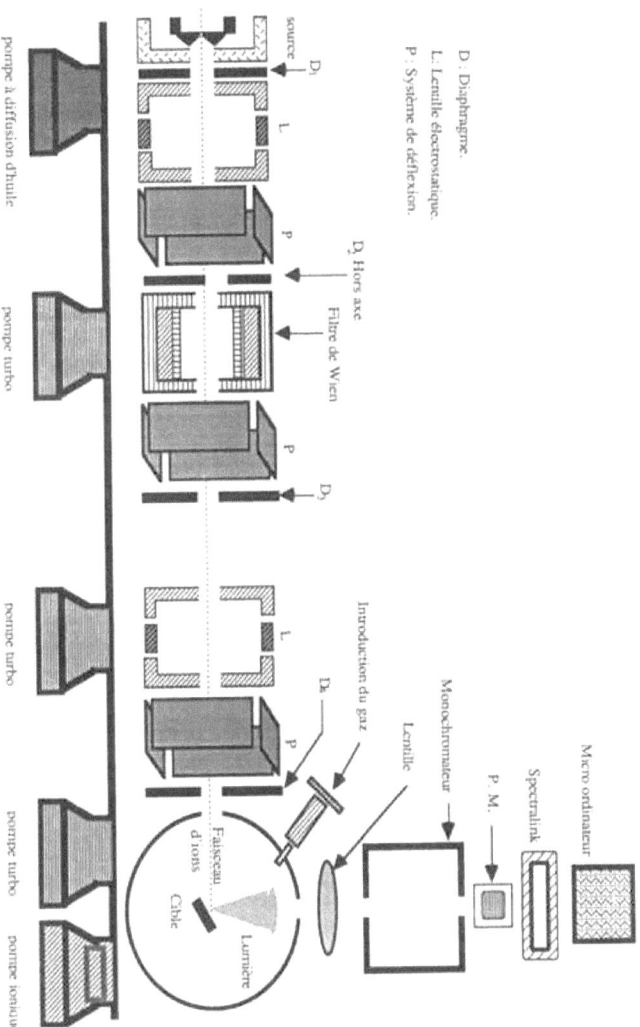

Fig.II-1 : Dispositif expérimental (ESSO)

b) Extraction et focalisation

Les ions formés au voisinage de l'anode sont extraits et accélérés par une tension U_0 de 5 keV. Une plaque intermédiaire joue le rôle d'extractrice; située à 1 cm de l'anode, elle est portée à un potentiel U variable qui induit un gradient de potentiel (indépendant de l'énergie cinétique U_0) pour extraire les ions de la source. Ce paramètre sert à l'optimisation du point objet initial du système de focalisation.

A leur sortie, les ions passent au travers d'une lentille électrostatique constituée de trois électrodes cylindriques pour initier une première focalisation du faisceau. La valeur du potentiel de l'électrode centrale équivaut environ aux deux tiers de celle de l'anode, les deux autres sont reliées à la masse. Un système de déflexion composé de quatre plaques isolées électriquement, formant deux condensateurs plans, oriente le faisceau vers un diaphragme D2.

I-2 Affinage du faisceau ionique

a) Description générale du dispositif

La partie centrale comprise entre les diaphragmes D2 et D4 (Fig.II-2) est constituée de 3 diaphragmes, d'un filtre de Wien, de 8 plaques déflectrices et d'une lentille électrostatique de focalisation. A la sortie du canon à ions, le faisceau passe par le diaphragme D2 (Φ = 2 mm) placé hors de l'axe de l'appareil (1 mm) afin d'éliminer la lumière parasite émise par le filament et par la décharge. Ce rayonnement très intense pourrait affecter les spectres enregistrés dans le domaine du visible et de l'infrarouge.

Le faisceau incident est ensuite sélectionné en masse et en charge par un filtre de Wien puis réaligné sur l'axe de l'appareil par 4 plaques déflectrices dont l'effet s'assimile à celui d'une lame à faces parallèles sur une onde électromagnétique. Le diaphragme D3 précède une nouvelle lentille électrostatique à trois électrodes cylindriques dont les ouvertures sont réduites le plus possible pour minimiser l'importance de l'aberration de sphéricité. Toutefois, il faut trouver le meilleur compromis pour ne pas trop perdre d'intensité. Avant de pénétrer dans l'enceinte-échantillons, le faisceau d'ions traverse un dernier dispositif de déflexion puis le diaphragme D4 de diamètre Φ =1 mm qui réduit sa section.

b) Sélection des ions

La sélection des ions est assurée par un filtre de Wien (colutron velocity filter modèle 600-H) placé à quelques décimètres de la source. De plus il assure une sélection des ions en fonction de la charge, donc de l'énergie.

Le filtre de Wien est un analyseur électromagnétique dans lequel règne un champ électrique perpendiculaire à un champ magnétique. Le champ électrique $\vec{E}$ est créé par un condensateur plan dont les armatures sont placées parallèlement à la direction de propagation des ions qui définit l'axe X de l'appareil. Le champ magnétique $\vec{B}$ est induit par deux bobines de Helmholtz disposées de telle sorte que $\vec{B}$ soit à la fois perpendiculaire au champ $\vec{E}$ et à la direction X.

Pour éliminer les effets de bord, le filtre de Wien est équipé de douze plaques qui jouent le rôle d'électrodes de garde. Ces plaques, disposées symétriquement par rapport à l'axe, sont portées à des potentiels croissants.

A l'entrée de cet analyseur, tous les ions formés dans la source ont une énergie initiale qU_0 et sont animés d'une vitesse v qui dépend de leur masse et de leur charge.

$$q U_0 = \frac{1}{2} m v^2 \qquad (2)$$

Dans le filtre, ces ions sont soumis à une force électrique indépendante de la masse: $\vec{F_e} = q\vec{E}$ et à des forces magnétiques proportionnelles à leur vitesse: $\vec{F_m} = q\vec{v} \wedge \vec{E}$. La force totale qui s'exerce sur les ions est nulle lorsque $q\vec{E} = q\vec{v} \wedge \vec{B}$. Les ions ne sont donc pas déviés et conservent une trajectoire rectiligne. Leur vitesse s'exprime en fonction des normes des deux champs:

$$v = \frac{E}{B} \qquad (3)$$

Les relations (2) et (3) permettent de calculer le rapport m/q de ces ions:

$$\frac{m}{q} = 2U_0 \frac{B^2}{E^2} \qquad (4)$$

Ainsi, pour un réglage donné du filtre de Wien, seuls les ions de rapport m/q défini par l'équation (4) passeront au travers du diaphragme placé sur l'axe de l'appareil. En pratique, pour éviter les problèmes d'hystérésis, on garde un champ $\vec{B}$ constant et on fait varier la valeur du champ électrique en changeant la tension (E=U_{Wien}/d; d est la distance entre les armatures)

$$\text{d'où} \qquad \frac{m}{q} = 2U_0 \frac{B^2 d^2}{U_{Wien}^2} \qquad \text{soit} \qquad \sqrt{\frac{m}{q}} \propto \frac{1}{U_{Wien}} \qquad (5)$$

Le pouvoir de résolution de notre filtre est $\frac{m}{\Delta m} \approx 400$ pour $E \approx 16,8$ V/m et $B = 1$ gauss.

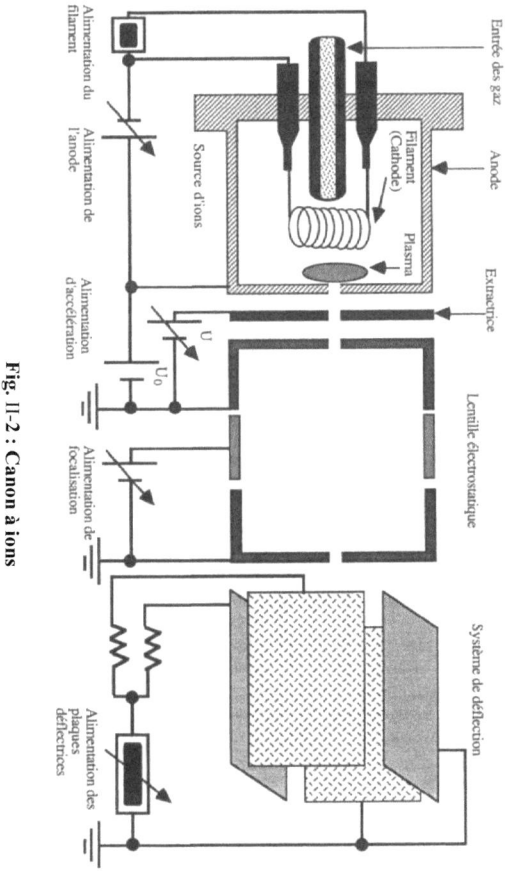

Fig. II-2 : Canon à ions

I- 3 Pompage du système du transport d'ions

Les diaphragmes D1, D2, D3 et D4 servent à la fois à la discrimination angulaire du faisceau d'ions incident et à la réalisation de compartiments isolés qui permettent un pompage différentiel efficace. La différence entre la pression régnant dans la source (5.10^{-6}

Torr de krypton) et dans l'enceinte-échantillons (< 10^{-8} Torr) justifie ce mode de pompage qui comprend pour cet appareil plusieurs éléments que nous allons détailler.

- Dans le canon à ions (entre la source et D2) une pompe secondaire à diffusion d'huile, Edwards, (280 l/s) placée en série avec une pompe primaire, Edwards (E2M8, 9.8 m3/h). La mesure de la pression se fait par une jauge Penning (Alcatel, CF2P). Elle est de 10^{-7} torr sans gaz et de 5 10^{-6} torr en fonctionnement (après introduction de Kr dans la source).

- Entre D2 et D3, sous le filtre de Wien une pompe turbo-moléculaire, Leybold, (50 l/s) placée en série avec une pompe primaire, Alcatel (CIT 2012A 15 m3/h).

- Entre D3 et D4, au niveau de la deuxième lentille électrostatique, une pompe turbo-moléculaire, Alcatel, (Type 5150, 80 l/s) placée en série avec une pompe primaire, Edwards (E2M8, 9.8 m^3/h). A ce niveau la pression mesurée par une jauge Penning (Alcatel, CF2P) est inférieure à 10^{-7} Torr en fonctionnement.

Une vanne Riber à tiroir à commande manuelle placée juste avant D3 isole, une fois fermée, la première partie de l'appareil (le canon à ions, la première lentille électrostatique, les deux premiers systèmes de déflexion et le filtre de Wien) de la seconde partie (la deuxième lentille électrostatique, le dernier système de déflexion et l'enceinte échantillons). Procéder à des interventions sur une partie de l'appareillage en laissant l'autre sous vide ne pose donc pas le moindre problème.

L'appareil mesurant environ 2,5 m, la qualité du vide est primordiale pour s'affranchir des problèmes de diffusion et d'atténuation du faisceau. L'utilisation privilégiée de pompes turbo et ioniques supprime la présence de vapeurs d'huile résiduelle donc la pollution subséquente de la cible. En effet, ces molécules d'huile de grande masse et volumineuses sont plaquées à faible vitesse sur la zone d'impact de la cible par le faisceau d'ions qui se trouve presque "englué".

I- 4 Enceinte échantillon

a) Description et pompage

La figure II-3 présente le schéma général des enceintes, des modules de translation et de rotation du porte-échantillons et des pompes. L'axe horizontal de la première enceinte est matérialisé par la direction du faisceau d'ions. La direction d'observation de la lumière (axe joignant le centre de la cible confondu avec le centre de l'enceinte et la fente d'entrée du monochromateur) est perpendiculaire au plan. L'enceinte-échantillon est un cylindre en acier de 16 cm de diamètre et 19 cm de hauteur, muni de huit ouvertures latérales dont quatre mesurent 1,5 cm de diamètre, deux 3,5 cm et les dernières 6 cm (cf. Fig.II-4). Elle est supportée par un second cylindre en acier de même diamètre, de 20,5 cm de hauteur muni de quatre ouvertures latérales, trois de 3,5 cm de diamètre et une de 9,5 cm par ailleurs directement raccordée à une pompe ionique (Riber modèle 401-1000) de vitesse de pompage 200 l/s et par l'intermédiaire d'une vanne, VAT à tiroir à commande manuelle, à une pompe turbo-moléculaire (Alcatel-Annecy type 5150) de vitesse de pompage 120 l/s.

La pression est mesurée par une jauge à ionisation (Veeco) raccordée à l'une des ouvertures latérales de la seconde enceinte.

Pour étudier le comportement des émissions lumineuses en fonction de la nature et de la pression d'un gaz, nous avons équipé l'enceinte-échantillons d'une vanne d'introduction (Varian). Le gaz arrive à proximité (2 cm) de l'échantillon par l'intermédiaire d'un capillaire de 1 mm diamètre.

L'observation des émissions lumineuses se fait à travers une fenêtre en suprasil, distante de 125 mm de l'échantillon, montée sur une bride U.H.V. Son diamètre de 27 mm permet l'observation de la lumière sous un angle solide de $3,6 \ 10^{-2}$ sr. L'axe optique est perpendiculaire à la direction du faisceau d'ions.

L'épaisseur de la fenêtre de 10 mm ne nuit pas à la transmission qui reste très appréciable et sans déformation dans le domaine de longueur d'onde qui s'étend de 170 nm à 1000 nm.

Afin d'éviter la pollution de l'enceinte par le dépôt des produits de pulvérisation, nous avons intercalé entre le porte-échantillons et l'enceinte un cylindre amovible de 7 cm de diamètre et de 14 cm de hauteur percé de huit trous ($\Phi = 2$ cm) que l'on place en regard des ouvertures latérales de l'enceinte. Une fenêtre en suprasil, de 1 mm d'épaisseur, montée sur un bras de translation protège également le hublot des projections. Ses dimensions, deux fois supérieures au diamètre de l'ouverture du cylindre de protection permettent d'exposer une nouvelle zone transparente sans avoir à casser le vide.

b) Le porte-échantillon

Le porte-échantillons (Fig. II-5) adapté aux exigences des études que nous avons menées sur la pulvérisation des surfaces solides est en aluminium, élément dont nous connaissons parfaitement le spectre optique. Il est usiné de façon à réduire:
i) les effets secondaires de la pulvérisation, c'est-à-dire le bombardement du porte-échantillons par les particules pulvérisées.

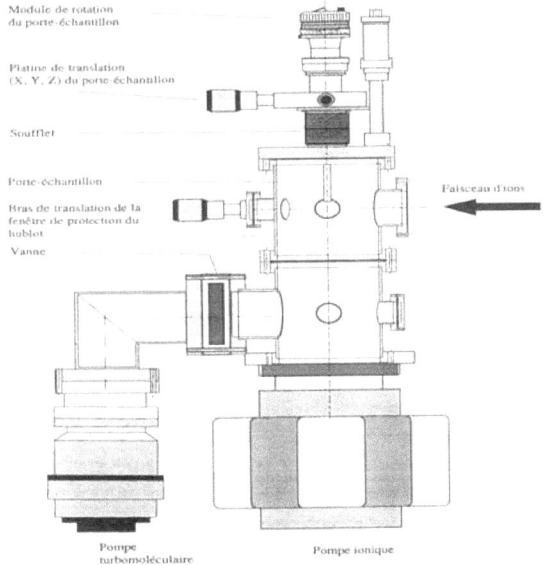

Figure II-3 : Schéma général de l'enceinte et distribution des pompages

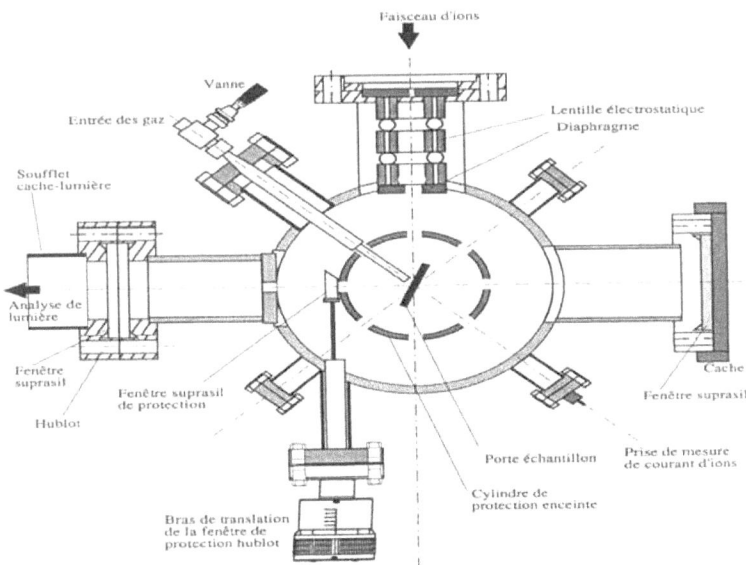

Fig II-4 : Vue schématique de l'enceinte

ii) les effets secondaires dus aux rebonds éventuels du faisceau d'ions.

Il comprend quatre logements pour des échantillons dont les dimensions ne dépassent pas 10 mm x 10 mm. La fixation des cibles s'effectue à l'aide d'une contre-plaque qui vient s'ajuster sur la face arrière du porte-échantillons.

Il est monté sur une platine micrométrique associée à un module de rotation. La rotation se fait autour de l'axe vertical et permet l'étude de la dépendance du signal en fonction de l'angle d'attaque. La translation se fait dans les trois directions x, y et z. Le déplacement dans le plan perpendiculaire à l'axe du porte-échantillons suivant x et y permet d'aligner le centre des cibles avec l'axe vertical de l'enceinte et le déplacement suivant la direction z de choisir l'échantillon à analyser.

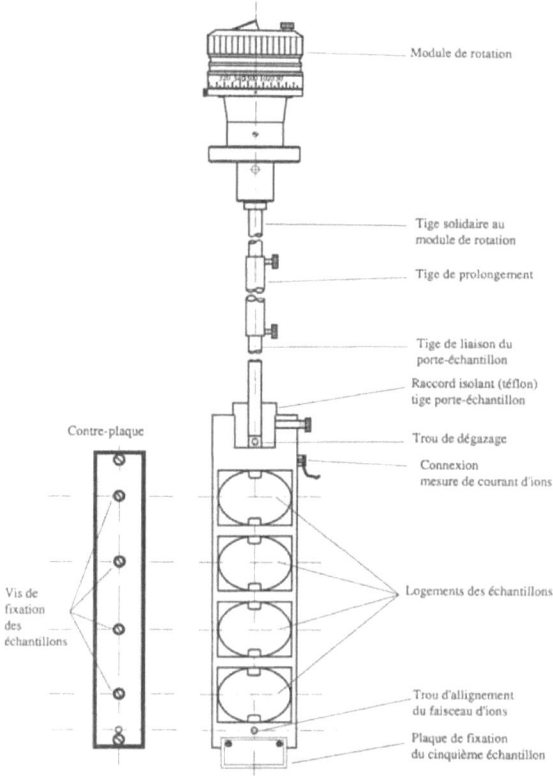

Figure II-5 : Schéma du porte-échantillons

Il est isolé des tiges de raccordement par une bague de serrage en téflon percée d'un trou pour pomper le volume emprisonné entre les deux pièces. Le courant d'ions est mesuré directement sur le porte-échantillons raccordé électriquement à un pico-ampèremètre. Le courant mesuré varie suivant l'échantillon bombardé. S'il s'agit d'un isolant par exemple, nous ne mesurons qu'un très faible courant de fuite qui ne correspond évidemment pas à la charge réellement reçue par la cible.

Pour contrôler la section et l'alignement du faisceau d'ions nous avons percé deux trous, de diamètre 1 mm et 2 mm respectivement, à l'extrémité inférieure et au milieu du porte-échantillons. L'opération consiste à mesurer simultanément le courant sur le porte échantillons et sur une plaque isolée électriquement et fixée sur l'enceinte, précisément dans l'axe du canon. Le réglage des lentilles et des plaques déflectrices est achevé lorsque le courant mesuré est nul sur le porte-échantillons et maximal sur la petite plaque. Cela signifie que l'intégralité du faisceau passe par le trou sélectionné et frappe.
Après réglage, le diamètre du faisceau est inférieur au diamètre du trou et l'impact se situe au centre de l'échantillon bombardé.

I- 5 Analyse et détection de la lumière

La lumière émise par les particules éjectées est focalisée sur la fente d'entrée d'un monochromateur. A la sortie, les photons analysés sont transmis à un photomultiplicateur (P.M) relié à une chaîne de comptage et au spectralink qui contrôle l'alimentation du P.M et comprend une carte d'acquisition. Enfin un micro-ordinateur permet de contrôler l'orientation du réseau du monochromateur et assure la gestion et le traitement des données par l'intermédiaire du logiciel PRISM. La figure II-6 montre le trajet du faisceau lumineux et le schéma de principe des différents éléments de la détection.

a) Focalisation et analyse

Le dispositif d'analyse de la lumière comporte un système de focalisation indépendant de l'enceinte et un monochromateur.

Une lentille biconvexe en suprasil (e=10 mm, Φ=40 mm), de focale f=135 mm, est placée à 2f de l'échantillon et de la fente d'entrée du monochromateur (grandissement=1).
Un système micrométrique du type Micro-Controle, (à quatre directions x, y, z et θ), dont elle est solidaire, sert à corriger les éventuelles aberrations liées à l'utilisation de surfaces non planes, aux défauts d'usinage des logements des échantillons... Par ailleurs, deux soufflets noirs (Φ = 7 cm) disposés de part et d'autre de la lentille protègent le faisceau lumineux à

analyser des rayonnements parasites. La courbe de transmission de la lentille, semblable à celles des fenêtres utilisées, est très bonne au-delà de 200 nm.

Le monochromateur Jobin-Yvon HR640 du type Czerny-Turner, (640 mm de focale) comprend un réseau holographique, deux miroirs sphériques concaves et deux fentes à commande. Ces dernières se règlent en hauteur selon plusieurs ouvertures possibles (1, 2, 5, 10 et 20 mm) et en largeur grâce à une vis micrométrique. Les ouvertures permises sont comprises entre 0 et 3 mm, avec une précision de l'ordre du micromètre. La dispersion est d'environ 12 Å/mm. La lumière analysée peut être focalisée à l'aide d'un miroir plan tournant sur une fente de sortie latérale. Le système bénéficie d'une plus grande souplesse d'utilisation dans la mesure où l'on dispose de deux récepteurs. (P. M. et caméra ccd).

Il est également équipé d'une canalisation permettant d'introduire un gaz comme l'azote ou l'argon. Ce système qui favorise le maintien d'une température précise et l'élimination des bandes d'adsorption de l'air ambiant augmente la sensibilité de la détection U.V. Mais le fonctionnement du monochromateur dans ces conditions ne se conçoit qu'une fois l'intégralité du chemin optique de la lumière mis sous vide.

Un réseau escamotable de 2000 traits/mm, (surface tracée 79 x 105 mm) est efficace sur le domaine spectral qui s'étend de 190 à 700 nm. Le rapport du flux diffracté sur le flux incident vaut 22% à 220 nm, 48% à 300 nm et 24% à 500 nm. Le moteur d'entraînement du réseau est incorporé dans le monochromateur. Le pas et la vitesse maximale de défilement sont respectivement de 0,012 Å (0.006 Å en demi-pas) et 2400 Å/mn avec un fonctionnement en demi-pas et rampe d'accélération. Le micro-ordinateur commande le réseau par l'intermédiaire du spectralink.

Le spectralink contrôlé par le micro-ordinateur (P.C. compaq 386 remplacé dernièrement par un P.C 166 Mhz) est constitué de modules: alimentation, commande moteur, haute tension, acquisition, enregistrement, entrées/sorties, multicanal contrôle, multicanal mémoire, multicanal analogique et finalement du module interface ordinateur.

Le monochromateur et le support de la lentille optique sont posés sur une table solidaire du bâti de l'appareil. Leur position respective a été réglée à l'aide d'un faisceau laser He-Ne de sorte que l'axe optique du monochromateur traverse le centre des fenêtres d'observation et celui de la lentille. Pour des fentes de 25 µm, la largeur à mi-hauteur du profil émis par une lampe à cathode de magnésium (λ = 383,82 nm) est de 0,017 nm.

b) Détection et acquisition des données

Le photomultiplicateur Hamamatsu R585 est un récepteur de lumière à fenêtre en silice fondue et à photocathode transparente bialcaline (Sb-Rb-Cs, Sb-K-Cs). Son domaine spectral s'étend de 160 à 650 nm (réponse maximale à 420 nm) et son gain est de l'ordre de 106 lorsque la différence de potentiel appliquée entre l'anode et la cathode est fixée à 900 V. C'est la tension pour laquelle le rapport signal/bruit est optimum. Il se caractérise par un faible bruit (PM sélectionné) ou courant d'obscurité dû à la conduction des parois et à l'émission thermoélectronique.

A la sortie du PM, les impulsions sont amplifiées et mises en forme par un amplificateur discriminateur (Cambera). Les impulsions sont ensuite acheminées vers deux systèmes de comptage indépendants :

- Dans le premier, les impulsions sont comptées par un intégrateur (alimentation en 12 V) relié à une échelle de comptage.

- Dans le second, par le module d'acquisition du spectralink utilisé en compteur d'impulsions. Ce module a les fonctions suivantes:

- Amplification variable des signaux. En courant, la gamme de sensibilité s'étend de 10^{-12} à 10^{-4} A.

- Conversion analogique/numérique 32 bits de ces signaux.

- Intégration des signaux en fonction du temps, variable de 1 ms à 65 s.

- Indication de surcharge sur canal accessible via le micro-ordinateur.

Toutes ces fonctions sont gérées par un microprocesseur qui, en outre, assure les échanges d'instructions et de données avec le micro-ordinateur.

Le choix de l'incrémentation en longueur d'onde, $\Delta\lambda$ et en temps, Δt, pour l'enregistrement de spectres dépend de l'étude envisagée. $\Delta\lambda$ est adapté à la résolution du monochromateur et Δt à l'intensité du signal expérimental. La réception et le traitement des données sont gérés par le micro-ordinateur grâce au programme PRISM Jobin-Yvon. Ce logiciel offre une multitude de fonctions utiles pour l'analyse, la comparaison des spectres et les modalités d'impressions sur table traçante (Hewlett-Packard modèle 7475A). A la fin de chaque acquisition, les données sont directement stockées sur le disque dur ou sur une disquette dans des fichiers de type ISA (propre au programme PRISM) convertibles en ASCII par le même programme.

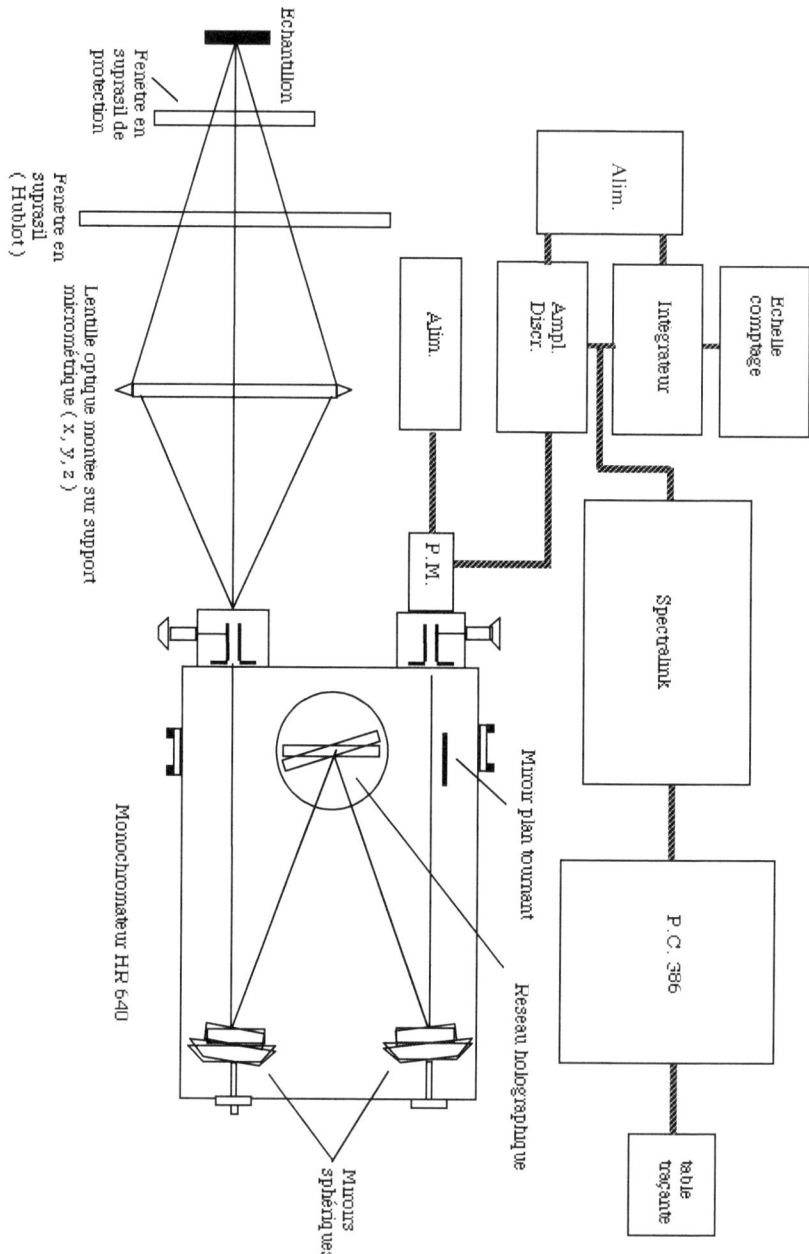

Figure II-6 : Trajet du faisceau lumineux et chaîne de détection et d'acquisition.

II- L'appareil ASSO installé à Marrakech (Equipe SIAM)

L'appareillage développé au laboratoire sous l'acronyme ASSO (Analyse de Surface par Spectroscopie Optique). Ce dispositif (Fig. II-7) se compose de trois parties amovibles pouvant être modifiées en fonction des impératifs expérimentaux:

- Un canon à ions.
- Un ensemble enceinte et porte-échantillons.
- Une chaîne de détection optique.

Récemment, ce spectromètre a servi pour réaliser des expériences sur AlMg [1] et sur le silicium poreux [2,3].

II- 1 Le canon à ions

Le canon à ions, modèle EX05, est constitué d'une source de production d'ions et d'un système pour extraire et focalisé ces ions.

L'introduction d'un gaz rare au niveau de la source (Fig. II-8, II-9 et II-10) à impact électronique produit des faisceaux d'ions dont l'énergie varie de 0,1 à 5 keV et d'intensité maximale égale à 2 µA (pour 5 keV et à une distance de 3 mm de l'embouchure du canon.) L'optique ionique qui commande la focalisation comporte deux lentilles électrostatiques (la première détermine la section du faisceau, la seconde le focalise) et quatre plaques déflectrices qui permettent de déplacer le point d'impact des ions sur l'échantillon.

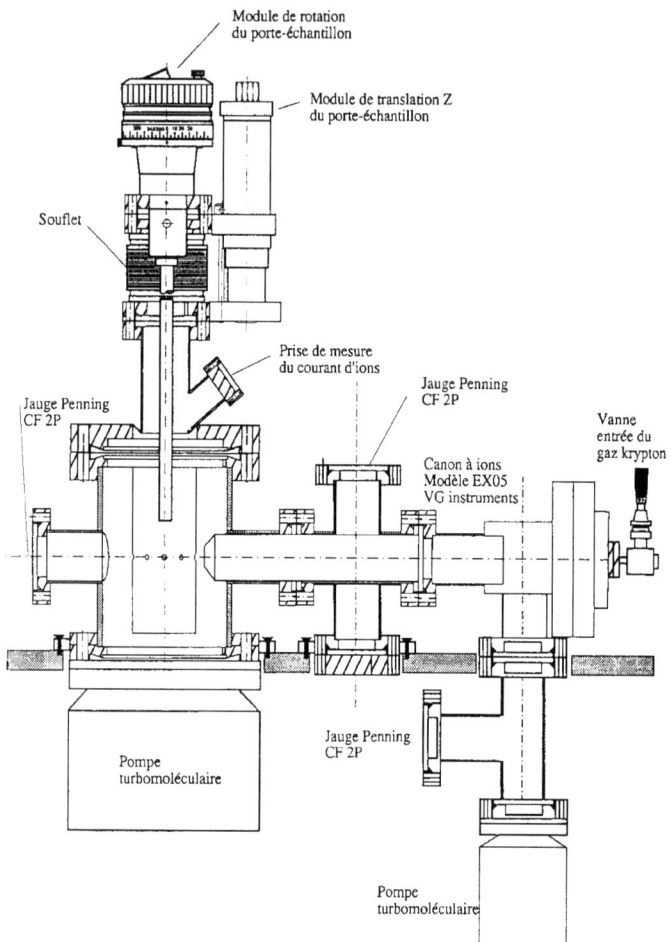

Figure II-7 : Schéma du spectromètre ASSO

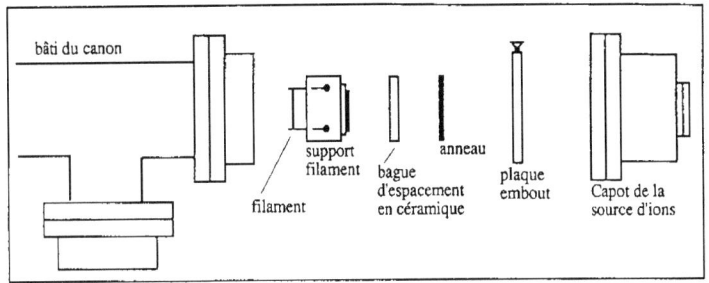

Figure II-8 : Schéma du montage de la source EX05

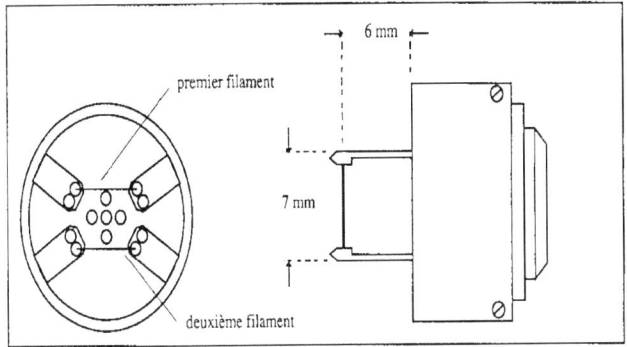

Figure II-9 : Schéma du support de filament

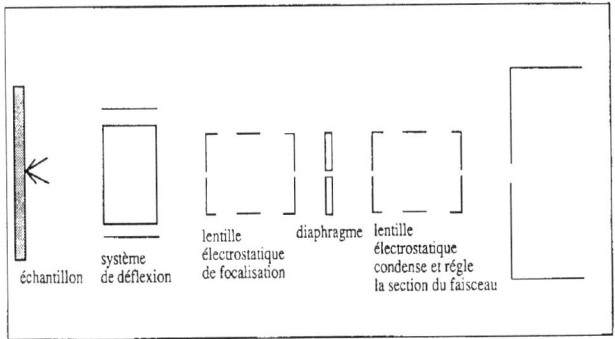

Figure II-10 : Schéma de l'optique ionique du canon EX05

II- 2 L'ensemble enceinte et porte-échantillons

L'enceinte est un cylindre en acier de 125 mm de diamètre pour 143 mm de longueur comprenant huit ouvertures circulaires latérales (Fig.II-11). Quatre d'entre elles font 26 mm de diamètre (permettant l'introduction d'un gaz, ou servant de sortie pour la mesure du courant d'ions), deux font 35 mm de diamètre, une autre 39,5 mm et la dernière, raccordée au système de pompage (pompe turbo moléculaire Varian modèle turbo V 200 A, 200l/s), fait 41,5 mm.

Le porte-échantillons est réalisé en aluminium et usiné de manière à minimiser :
- les effets secondaires de la pulvérisation, c'est à dire le bombardement de l'échantillon par les particules pulvérisées,
- les effets secondaires de rebondissement du faisceau d'ions.

Le porte-échantillons qui est similaire à celui de l'appareil ESSO contient quatre logements pour les échantillons de dimension 10 mm x 10 mm ce qui permet d'analyser des alliages et des métaux qui les composent. Les échantillons sont fixés à l'aide d'une contre-plaque qui s'ajuste sur la face arrière du porte-échantillons. Ce dernier est isolé de la tige solidaire au modèle de rotation par une bague de serrage en téflon, le pompage du volume emprisonné entre la tige et la bague se fait à travers un trou percé sur le porte-échantillons.

Le porte-échantillons est connecté électriquement à un pico-ampèremètre, qui permet de mesurer le courant d'ions sur lui. Une platine micrométrique associée à un système de rotation est utilisée comme support du porte-échantillons. L'étude de la dépendance du signal en fonction de l'angle d'attaque se fait en faisant une rotation du porte-échantillons autour de l'axe vertical. La translation suivant cet axe permet de choisir l'échantillon à analyser.

Un trou de diamètre 1 mm percé sur le porte-échantillons, permet de contrôler la section et l'alignement du faisceau d'ions lorsque la position du trou est dans l'axe de l'appareil. Le réglage des lentilles et des plaques déflectrices se fait de façon à avoir un courant nul sur le porte échantillons et un courant maximal qui passe par le trou.

Une fenêtre en quartz suprasil de diamètre 36 mm et d'épaisseur 10 mm distante de l'échantillon de 136 mm, montée sur une bride UHV perpendiculaire à la direction du faisceau d'ions, permet l'observation optique de la lumière émise lors de la pulvérisation. Cette fenêtre a la propriété de transmettre la lumière sans la déformer dans un domaine de longueur d'onde qui s'étend de 170 nm à 1000 nm. La fenêtre installée est protégée de dépôts des produits de pulvérisation par une deuxième fenêtre en suprasil, sous forme de lame d'épaisseur de 1 mm,

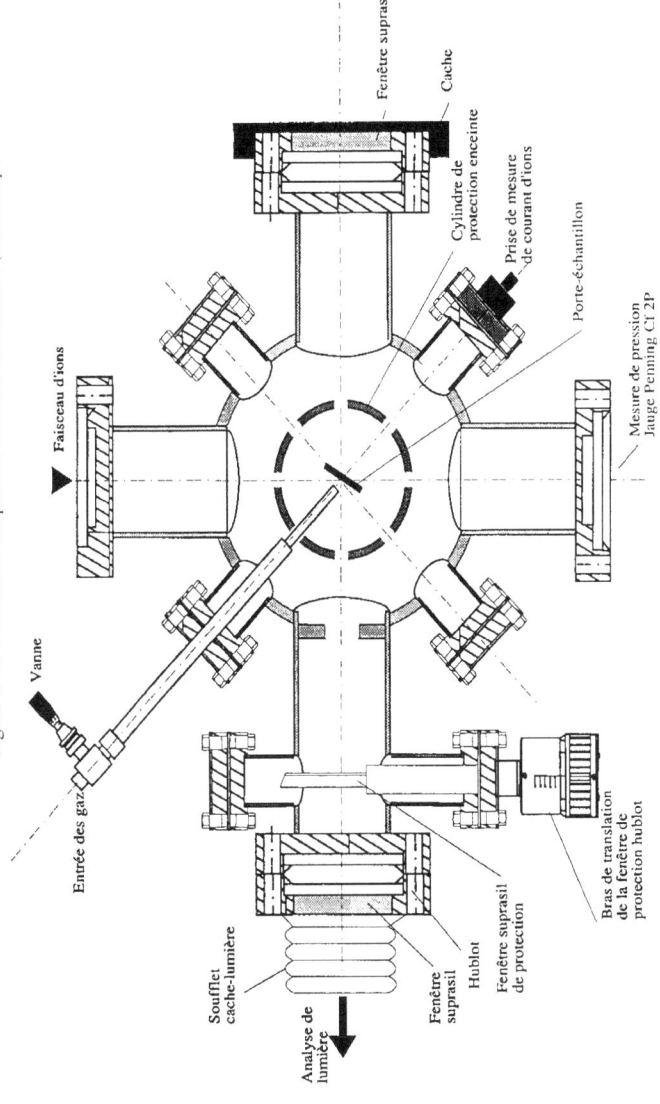

Figure II-11 : Vue Schématique de l'enceinte-échantillons (demi coupe)

portée par un bras de translation, qui permet son déplacement lorsque la partie exposée devient sale.

Un cylindre en acier muni de huit ouverture latérales que l'on peut placer en regard des sorties de l'enceinte et qui s'intercale entre le porte échantillon et l'enceinte assure la protection de cette dernière de dépôts des produits de pulvérisation.

La figure II-12 montre les porte-échantillons que nous avons conçus et réalisés en inox et qui peuvent être logés sur le support du porte-échantillons principal. Avec ces nouveaux porte-échantillons, l'analyse des poudres est désormais accessible directement par le spectromètre ASSO. Une quantité suffisante de poudre peut être logée et compactée à la main par l'intermédiaire d'une tige elle aussi fabriquée en inox ou encore compactée à l'aide d'une presse mécanique.

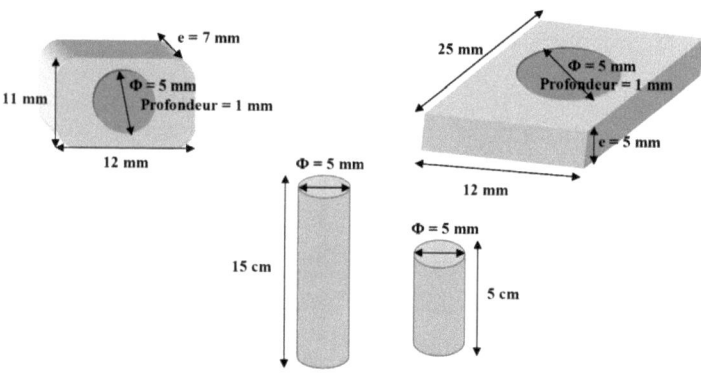

Figure II-12 : Schéma des deux porte-échantillons avec leur tige pour

II- 3 La chaîne de détection optique

La lumière émise par les particules pulvérisées lors du bombardement de l'échantillon est focalisée sur la fente d'un monochromateur qui permet son analyse. Le signal analysé est transmis à un photomultiplicateur (PM) lié à une chaîne de comptage et au spectralink qui contrôle l'alimentation du PM et permet l'acquisition des données. Un micro-ordinateur équipé d'une carte d'acquisition permet de commander le moteur pas à pas d'entraînement du réseau. Le trajet du faisceau lumineux et l'architecture des différents dispositifs de la chaîne de détection et d'acquisition des données sont similaires à ceux de l'appareil ESSO (Fig. II.6).

Une lentille biconvexe en suprasil d'épaisseur 10 mm, de diamètre 40 mm et de distance focale f = 140 mm focalise la lumière émise par les particules éjectées lors du bombardement de l'échantillon ; elle a la même courbe de transmission que celle des fenêtres utilisées. Cette lentille est placée à 2f de l'échantillon et de la fente d'entrée du monochromateur (grandissement = 1) et est montée sur une platine micrométrique à trois directions x, y et z qui permet de corriger les différentes aberrations dues à l'utilisation des surfaces non planes. Le faisceau lumineux est protégé contre les rayonnements parasites par deux soufflets noirs disposés de part et d'autre de la lentille.

Le monochromateur est un Jobin-Yvon HR320 du type Czerny-Turner de distance focale 320 mm qui contient un réseau holographique et deux miroirs sphériques concaves. Les fentes d'entrée et de sortie réglables en hauteur par pas de 2, 5, 10 et 20 mm et en largeur de 0 à 2 mm par une vis micrométrique permettant un pas de 10 µm. Le réseau utilisé contient 1200 trait/mm, sa surface tracée est 67 x 67 mm et son domaine spectral s'étend de 200 à 800 nm. Le monochromateur et le support de la lentille sont fixés sur un bâti et leur alignement avec l'axe de l'enceinte a été fait par un faisceau laser He-Ne.

Le photomultiplicateur (PM) - Hamamatsu 4220P - est un PM de comptage de photons, son domaine spectral s'étend de 185 à 710 nm avec une réponse maximale à 410 nm. Son gain est de 8.10^6 lorsque la tension appliquée à ses bornes est entre 800 et 1000 V, tension pour laquelle le rapport signal/bruit est optimum. A la sortie du PM le courant impulsionnel est de l'ordre nA et qui, après amplification et conversion par le spectralink, prend une valeur de 5 V.

Le spectralink est un système modulaire de contrôle du monochromateur, d'acquisition des signaux du PM et d'interface avec l'ordinateur. Il est fabriqué de façon à pouvoir s'adapter à toutes les configurations possibles pouvant se présenter en pratique.

Les spectres peuvent être enregistrés avec des incréments variables en longueur d'onde $\Delta\lambda$ et en temps Δt. Ces paramètres sont choisis en fonction de l'étude à effectuer et le choix dépend de la résolution souhaitée.

La sortie et le traitement des spectres sont gérés par le micro-ordinateur à l'aide du programme PRISM de Jobin-Yvon. A la fin de l'acquisition d'un spectre, les données peuvent être stockées soit sur le disque dur soit sur une disquette dans des fichiers de type ISA (propre au programme PRISM) et qui sont convertibles en ASCII par le même programme.

Référence :

[1] K. Berrada, J. Fournier, P.G. Fournier, A. Kaddouri, Phys. Chem. News 17 (2004) 49-53.
[2] G. Louarn, K. Berrada, N. Errien, M. Ait El Fqih, G. Froyer, A. Kaddouri, Phys. Chem. News 21 (2005) 6-11.
[3] K. Berrada, A. Kaddouri, A. Outzourhit, G. Louarn, G. Froyer, Spectr. Let. 2007, sous presse.

Chapitre III

Emissions Optiques des Echantillons d'aluminium, silicium, vanadium et de leurs Oxydes

Introduction

Dans ce chapitre, nous allons présenter nos résultats expérimentaux obtenus sur les émissions optiques des atomes et des ions émis lors du bombardement par un faisceau d'ion Kr^+ de 5 keV des échantillons d'aluminium, du silicium et du vanadium. Ces expériences ont été entreprises sous un vide de 10^{-8} Torr et en présence d'une atmosphère contrôlée d'oxygène. L'angle d'incidence est de 60° par rapport à la normale. Nous avons aussi enregistré les spectres de luminescence, dans les mêmes conditions, des oxydes Al_2O_3, SiO_2 et V_2O_5. L'ensemble des résultats présentés est discuté dans le cadre du modèle d'échange d'électrons entre la particule éjectée et les niveaux d'énergie du métal ou du semi-conducteur et ceux de l'oxyde correspondant. A l'aide de ce modèle, qui suppose que la présence de l'oxygène modifie la structure de bandes d'énergie du métal, nous examinons la compétition entre les transitions radiatives et non radiatives des espèces excitées formées au voisinage de la surface bombardée. Ceci nous permet de comprendre les variations observées pour le rendement de photons.

I- Définitions :

Un modèle simple proposé au début du siècle, par Drude en 1900, suppose que les métaux sont formés de charges positives immobiles, et d'électrons libres qui se déplacent dans tout le volume du métal (voir par exemple Mermin [1] Kittel [2]).

Les atomes isolés sont constitués d'un noyau chargé positivement (Ze) autour duquel gravite des électrons de charge totale (-Ze). Les électrons les plus liés sont appelés électrons de cœur, les moins liés sont les électrons de valence ; leur énergie dépend des orbitales atomiques auxquelles ils appartiennent. Lors de la condensation de ces atomes pour constituer le solide, les électrons de cœur restent liés au noyau pour former les ions métalliques de la matrice ; les électrons de valence deviennent dans le métal les électrons de conduction, leurs niveaux d'énergie forment un quasi continuum [2]. Le terme utilisé pour désigner ce quasi continuum est soit la bande de valence (ensemble des niveaux électronique peuplés par les électrons de valence), soit la bande de conduction dans le cas particulier d'un métal.

Dans le cadre d'étude de modélisation, les métaux sont fréquemment décrits grâce au modèle de *jellium*. Dans ce modèle simple, les électrons sont libres, en mouvement dans un champ uniforme créé par les charges positives. Le gaz d'électrons neutralise ce fond continu positif, et seules les interactions entre électrons sont prises en compte.

Le métal est caractérisé par sa densité électronique, par la largeur de la bande de valence (relatif au nombre de niveaux occupés qui la composent), par son énergie de Fermi ε_F (énergie maximum des électrons de la bande de valence) et par le travail de sortie des électrons (énergie à fournir aux électrons du métal pour les extraire de la surface). Ces paramètres sont représentés sur la figure III-1 ci-dessus. Dans le cas d'un semi-conducteur, la bande de valence est séparée de la bande de conduction par une bande interdite.

Le zéro de référence, utilisé pour repérer l'énergie des électrons appartenant au métal, correspond soit au niveau du vide, soit au niveau le plus bas de la bande de valence de l'atome, soit encore au niveau de Fermi du métal.

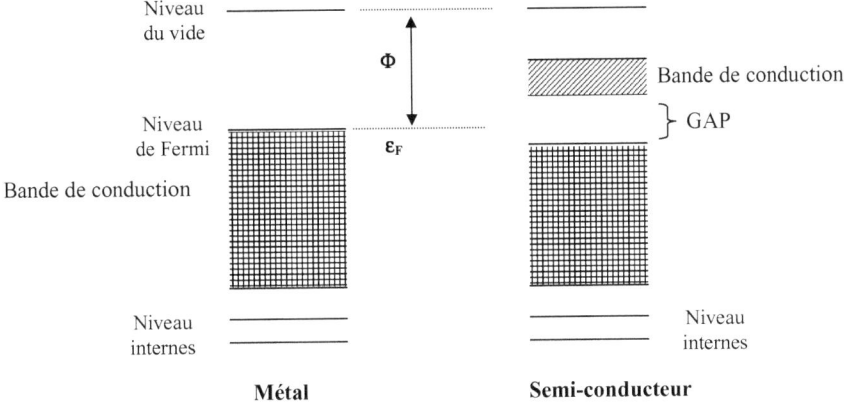

Figure III-1 : Caractérisation d'un solide en schéma de bande

II- Modèle de transfert d'électrons

Lors de l'interaction ion-matière, les ions et les atomes issus de la surface bombardée peuvent interagir avec cette dernière selon des processus d'échange d'électrons du type résonnant ou Auger. Il s'agit de la neutralisation résonnante, de l'ionisation résonnante, de la neutralisation et de la désexcitation Auger. Nous devons ces études à Hagstrum [3] et Varnerin [4] qui sont les premiers à mettre en évidence les compétitions entre les désexcitations radiatives et non radiative lors d'un impact d'ion avec la matière. Les figures III-2 a, b, c, d illustrent la configuration des courbes de potentiel d'un système composé d'un métal et d'un atome excité situé à une distance (s) de la surface.

II- 1 Cas d'un atome

D'après Hagstrum [3], l'atome excité peut se désexciter non radiativement par échange d'électron selon deux processus et cela dépend fortement des considérations énergétiques mises en jeu : i) lorsqu'un atome A^* quitte une surface métallique (S), il se désexcite à la distance (s) suivant les processus illustrés sur les figures III-2, a. A^* se trouvant dans un état d'énergie supérieur à celle du niveau de Fermi du métal ($E_i - E_{A^*} < \phi$) l'électron peut passer par effet tunnel vers l'un des états inoccupés de la bande de conduction. Ce processus, appelé ionisation résonante de l'atome excité A^* et s'exprimant par : $A^* \longrightarrow A^+ + e^-_x$ donne lieu à un ion qui, par la suite peut se neutraliser par résonance si, toutefois, les conditions énergétiques sont satisfaites. ii) L'échange d'énergie implique deux électrons ; la lacune créée dans l'atome excité est rapidement comblée par un électron provenant de la bande de conduction du métal (Fig. III-2, b). L'énergie acquise par l'atome permet à l'électron excité d'être éjecté (électron Auger) dans le continuum. Ce processus, appelé désexcitation Auger, s'écrit : $A^* + e^-_M \longrightarrow (A + e^-_x) \longrightarrow A + e^-$

Ceci est vrais si la condition énergétique $E_i - \varepsilon > E_i - E_x$ est satisfaite soit $E_x > \varepsilon$ où ε est l'énergie de l'électron e^-_M provenant du métal.

II- 2 Cas d'un ion

Lorsqu'un ion A^+ quitte une surface métallique, il peut se neutraliser suivant les deux mécanismes représentés sur les figures III-2 c, d. Si les conditions énergétiques sont telles que $\phi < E_i - E_x < \varepsilon_0$, l'ion A^+ subit une neutralisation résonante. L'autre processus de transfert d'électron peut être effectué par le processus de neutralisation Auger qui donne lieu à l'éjection d'un électron à partir du métal. L'énergie libérée par l'électron 1, énergie comprise entre $E_i - \varepsilon_0$ et $E_i - \phi$, doit être supérieure à l'énergie ε_2 de l'électron dans le métal. ε_2 étant comprise entre ϕ et ε_0 ce qui conduit au minimum à la condition $E_i > 2\phi$ pour que l'électron 2 soit éjecté du métal.

Ces processus non radiatifs rentrent en compétition avec la désexcitation par émission de photons [6,7]. Le taux de transition pour ces processus en fonction de la distance (s) est souvent exprimé par la loi qui régit l'effet tunnel [3,8,9] :

$$R(s) = A e^{-as} \qquad (1)$$

où A et a sont des constantes qui caractérisent le processus non radiatif ; des valeurs de ces constantes ont été données par Terzic et Perovic [10] pour les processus Auger et résonants. L'ordre de grandeur de A et a on été estimés par : $A = 10^{14} - 10^{16}$ s^{-1} et $a = 2$ Å^{-1}.

Ces nombres montrent donc que, pour des distances (s) de quelque angströms la durée de vie τ d'une particule excitée est beaucoup plus courte que la durée de vie d'un atome excité qui se désexcite par transition optique ($\tau = 10^{-8}$ s pour une transition dipolaire). D'autre part, on démontre que la probabilité pour qu'une particule excitée parcoure une distance (s) sans subir une désexcitation non radiative peut s'écrire [3] :

$$P(s, v_\perp) \propto \exp\left[\int_0^s \frac{R(s)}{v_\perp} ds\right] \quad (2)$$

Ces nombres montrent donc que, pour des distances (s) de quelque angströms la durée de vie τ d'une particule excitée est beaucoup plus courte que la durée de vie d'un atome excité qui se désexcite par transition optique (τ = 10^{-8} s pour une transition dipolaire). D'autre part, on démontre que la probabilité pour qu'une particule excitée parcourre une distance (s) sans subir une désexcitation non radiative peut s'écrire [3] :

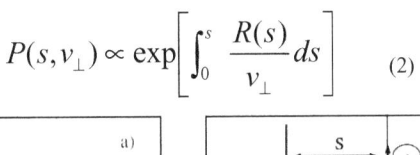

$$P(s, v_\perp) \propto \exp\left[\int_0^s \frac{R(s)}{v_\perp} ds\right] \quad (2)$$

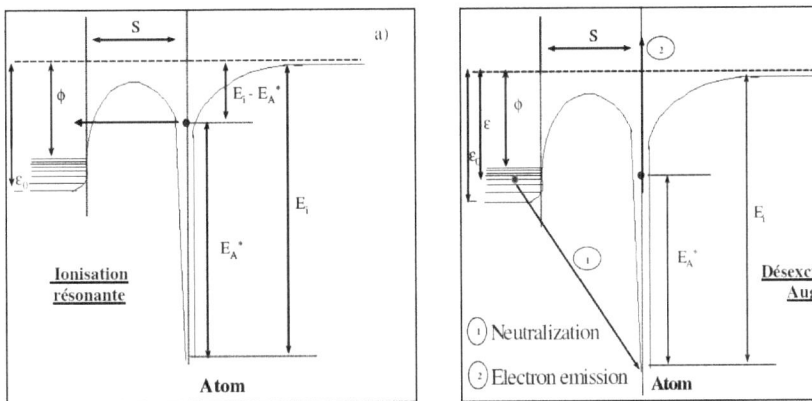

Figure III-2, a, b : Processus d'échange d'électron entre un atome excité et un métal, d'après [3,4].

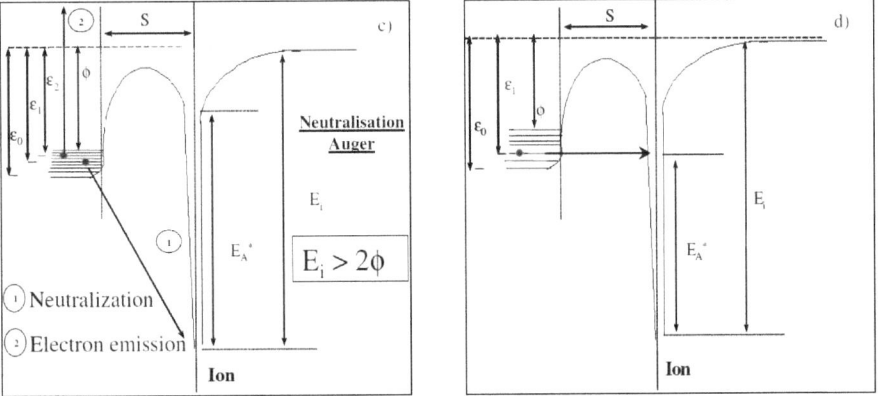

Figure III-2, c, d : Processus de neutralisation Auger et de neutralisation résonante d'un ion, d'après [6].

Où $v_\perp$ est la composante normale à la surface du vecteur vitesse de la particule éjectée.

(1) dans (2) donne :

$$P(s,v_\perp) \propto \exp\left[\frac{A(e^{-as}-1)}{a.v_\perp}\right] \quad (3)$$

qui pour des grandes distances (s) s'écrit :

$$P(\infty,v_\perp) \propto \exp\left[-\frac{A}{a.v_\perp}\right] \quad (4)$$

Ainsi, avec les valeurs de A et a citées, il est clair que les particules excitées ayant une grande vitesse ont de moindre probabilité de subir l'action de processus non radiatifs et donc contribuent fortement à l'observation des émissions lumineuses.

III- Influence de la nature et des paramètres physiques du faisceau ionique sur les émissions optiques

III- 1 Nature du projectile

La nature du projectile est un paramètre important pour assurer un meilleur rendement d'émission de photons et un spectre moins perturbé par la présence de raies caractéristiques des particules rétrodiffusées du faisceau incident [11]. Ces expériences préliminaires ont été effectuées à partir d'un appareil de type ESSO (Etude de Surface par Spectroscopie Optique) muni d'une sélection primaire en masse de type filtre de Wien. Le tableau III-1 donne les intensités lumineuses relatives à la raies de résonance Cu I (λ = 324.7 nm) lors du bombardement d'un échantillon de cuivre par des ions H^+, H_2^+, N^+, Ar^+, et Kr^+ d'énergie 5 keV. L'intensité des émissions optiques augmente à mesure que le numéro atomique augmente. Ainsi l'intensité lumineuse mesurée double en passant de H^+ à H_2^+ et double aussi de N^+ à Ar^+. Ces mesures sont qualitatives car une réelle comparaison demanderait la détermination des intensités respectives des différents faisceaux d'ions. Ces résultats qualitatifs sont en accord avec les mesures quantitatives de Stuart et Wehner [12] qui ont montré que dans le cas du cuivre, le nombre de particules éjectées est beaucoup plus important dans le cas de bombardement par des ions Kr^+ (1 keV) ou Xe^+ (1 keV) que par des ions Ar^+ (1 keV), Ne^+ (1 keV) ou He^+ (0,6 keV). On remarquera que dans un cas il s'agit de rendement optique individuel et que dans l'autre il s'agit du nombre de particules éjectées de la surface par ion incident.

Projectile	H$^+$	H$_2^+$	N$^+$	Ar$^+$	Kr$^+$
Intensité (u.a)	300	600	750	1400	2200

Tableau III-1 : Intensités des émissions optiques de la raie Cu I (λ = 324,7 nm) relevées lors du bombardement d'un échantillon

Le Krypton et le Xénon sont les deux principaux candidats. En cas d'utilisation d'un appareil muni d'une discrimination en masse, la distribution d'abondance relative des différents isotopes intervient. Le tableau III-2 présente les distributions isotopiques du krypton et du xénon. On voit clairement que la distribution isotopique du krypton est plus piquée que celle du xénon. En plus, on constate que l'isotope le plus abondant du krypton, Kr_{84}, représente à lui seul 56,90% de la population totale alors que son équivalent, l'isotope Xe_{132}, représente seulement 26,89% de la population totale du xénon. Cette propriété garantit une sélection en masse beaucoup plus efficace pour le krypton et nécessite un pouvoir de résolution du filtre de Wien de seulement 84 contre 132 pour le xénon [14].

	Isotope	Abond.	Isotope	Abond.	Isotope	Abond.	Isotope	Abond.	Isotope	Abond.
Kr	80	2,27	82	11,56	83	11,55	84	56,90	86	17,37
Xe	129	26,44	131	21,18	132	26,89	134	10,44	136	8,87

Tableau III-2 : Distribution isotopique du krypton et du xénon (Abond. : abondance relative en %).du cuivre d'énergie 5 keV [11]

Projectiles / Echantillons	H$^+$	D$^+$	He$^+$	O$^+$	Ne$^+$	Ar$^+$	Kr$^+$	Xe$^+$
Be	5.10^{-3}	$1,2.10^{-2}$	7.10^{-2}	4.10^{-1}	1	1,8	2	1,9
Al	9.10^{-2}	2.10^{-2}	$1,2.10^{-1}$	-	2	2,5	3	3
Si	4.10^{-3}	10^{-2}	6.10^{-2}	$2,2.10^{-1}$	1	1,2	1,3	1,2
V	4.10^{-3}	10^{-2}	6.10^{-2}	-	1,1	1,2	1,2	1,2
Cu	3.10^{-2}	6.10^{-2}	3.10^{-1}	-	3	5	6	6

Tableau III-3 : Rendement calculé de pulvérisation Y des cibles Be, Al, Si, V et Cu en fonction des projectiles animé d'une énergie de 5 keV (d'après [13])..

Le krypton présente aussi l'avantage d'émettre un faible rayonnement lorsqu'il est rétrodiffusé par une surface [14,15] que ce soit dans l'état neutre (Kr I) ou ionisé (Kr II) [11].

Yamamura et Tawara [13] ont calculé au moyen du code ACAT les rendements de pulvérisation **Y** des solides monoatomiques en incidence normale pour différentes cibles en fonction de l'énergie des ions incidents. Le tableau III-3 donne les résultats pour les cibles de Be, Al, Si, V, et Cu. Le maximum de rendement de pulvérisation est obtenu pour les projectiles Kr^+ et Xe^+ ($Y = 1,2$ atomes par ion incident pour le vanadium bombardé par des ions Kr^+ et Xe^+ et $Y = 6$ atomes par ion incident pour le cuivre bombardé par des ions Kr^+ et Xe^+). Ces résultats montrent aussi que, à énergie et angle d'incidence fixe, les ions projectiles frappant une surface solide donnent lieu a des rendements de pulvérisation très différents et qui croient en fonction du poids atomique du projectile et de la cible. Ces résultats montrent aussi (cf. tableau III-3) qu'il n'existe à priori aucun avantage à choisir le Xénon plutôt que le Krypton.

Enfin, il faut signaler le coût élevé du gaz Xe par rapport au Kr et le fait que pour le même degré de pureté (gaz N45), le krypton présente moins d'isotopes et d'impureté d'oxygène que le xénon (voire tableau III-4).

Impuretés types (ppm molaire) *(Kr N45 99,998%)*						
H_2O	O_2	N_2	CF_4	H_2	Xe	CO_2+CO
< 3	< 2	< 10	< 1	< 2	< 25	< 2

Tableau III-4 : Tableau des différentes impuretés présente dans le projectile utilisé (Kr^+) [16].

III- 2 Angle d'incidence.

a) Aspect expérimental

Pour mieux élucider l'effet de l'angle d'incidence des ions projectiles sur des surfaces solides, des études [11,14,15] ont été effectuées pour estimer l'angle optimal qui donne un meilleur rendement photonique. Grâce à un module de rotation propre aux méthodes d'analyses ASSO et ESSO décrit dans le chapitre II, l'angle d'attaque, noté β, angle complémentaire à l'angle d'incidence θ, peut varier entre 0 et 90°. β étant l'angle entre le plan de surface de la cible et la normale de celle-ci, (Fig. III-3).

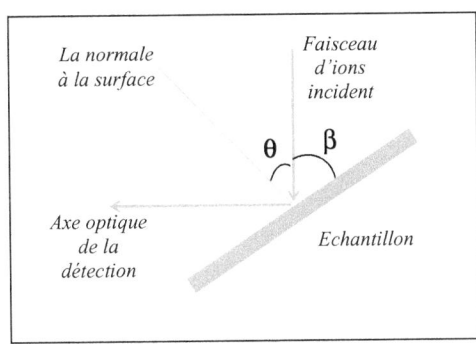

Figure III-3 : Représentation schématique des angles mis en jeu lors de la pulvérisation.

Varenne [15] a mesuré la dépendance angulaire de l'intensité de la raie 333,4 nm du titane (Ti I) lors du bombardement d'une cible de titane et d'alliage $SrTiO_3$. Cette étude à été comparée avec les variations des intensités des raies : 285,2 nm du magnésium (Mg I) [14], 324,7 nm du cuivre (Cu I) [11] et 352,4 nm du nickel (Ni I) [11] (Fig. III-4). Le signal lumineux augmente lentement avec l'angle d'incidence θ pour atteindre un maximum vers 60° pour le cuivre et le nickel et 70° pour le magnésium, le titane et le titane de strontium, puis il décroît rapidement pour des angles supérieurs à 70°. Sur la figure III-4, nous avons représenté les résultats expérimentaux des travaux de Kaddouri (11), Bellaoui (14), Varenne (15) mesurant les intensités lumineuses d'atomes pulvérisés Ti, Mg, Cu, Ni,. Ces distributions ne sont pas de véritables distributions angulaires, car les photons sont collectés uniquement à 90° de l'angle d'attaque.

Rodriguez et al. [17] ont obtenu la même dépendance avec un maximum vers 70° environ lors du bombardement des cibles polycristallines de Al, Ni, et Cu par des ions Ar^+ de 40 keV.

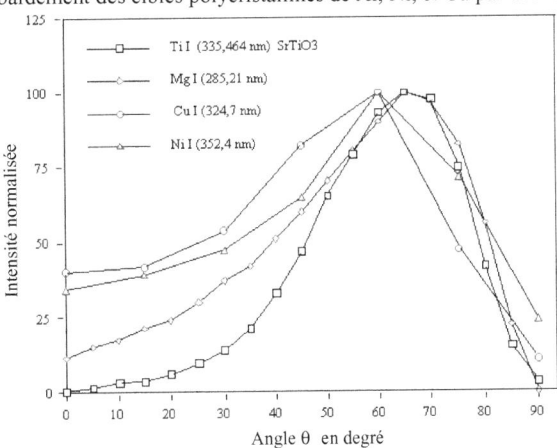

Figure III- 4 : Variation des intensités du titane [15], magnésium [14], cuivre et nickel [11] en fonction de l'angle d'incidence du faisceau d'ions par rapport à la normale à la surface de la cible.

b) Simulation par calcul SRIM du rendement de pulvérisation en fonction de l'angle d'incidence

Nous avons utilisé le logiciel SRIM (Stopping and Range of Ions in Matter) [18] pour calculer théoriquement le rendement de pulvérisation du béryllium, de l'aluminium, du silicium, de vanadium et du cuivre en fonction de l'angle d'incidence α (Fig. III-5) simulé pour un projectile Kr^+ de 5 keV. Les paramètres choisis lors de ce calcul sont : l'énergie de déplacement E_d (= 25 eV)) : l'énergie que doit avoir l'atome X pour passer entre deux atomes proches voisins Y et Z (barrière de potentiel), l'énergie de réseau E_r (= 3 eV)) : perte d'énergie de l'atome X en passant entre deux atomes proches voisins Y et Z et enfin l'énergie de surface E_s (= 3,38 eV) (voir annexe I).

L'analyse de la figure III-5 montre que le rendement de produits de pulvérisation augmente lentement jusqu'à 75° et décroît rapidement au-delà de cet angle. Cette dépendance de la distribution angulaire présente des similarités avec la dépendance expérimentale décrite sur la figure III-4 puisqu'elle présente aussi un maximum pour des angles proches de 80°. Cependant la comparaison est délicate car dans les expériences de rendement photonique on fait varier l'angle d'incidence à chaque mesure, l'angle d'observation faisant toujours 90° avec ce dernier alors qu'une vraie distribution angulaire est mesurée pour chaque angle d'incidence. Par ailleurs, sur la figure III-5, on note que le vanadium à un rendement de pulvérisation le plus faible, il présente 8 atomes par ion incident à 75° alors que le béryllium a un rendement de pulvérisation de 20 atomes par ion incident.

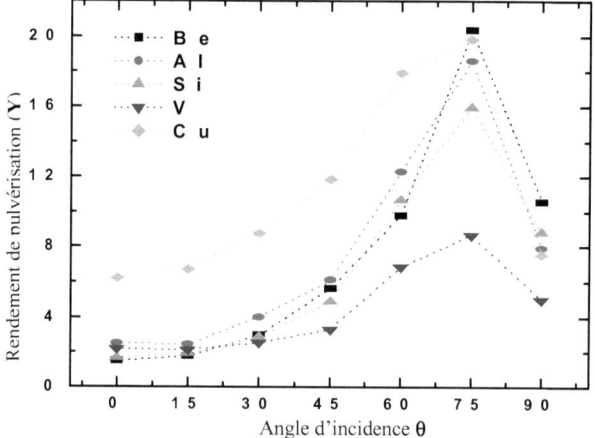

Figure III-5 : Variation du rendement de pulvérisation en fonction de l'angle d'incidence α (calculé par le logiciel SRIM).

IV- Emission optique observée lors du bombardement d'échantillons d'aluminium et de son oxyde (Al$_2$O$_3$)

Le présent paragraphe montre les résultats de l'influence de l'oxygène sur les radiations lumineuses émises lors de la pulvérisation de l'aluminium par des ions Kr$^+$ de 5 keV par comparaison d'un spectre obtenu sous vide et en atmosphère contrôlée en oxygène. Nous mettons en évidence l'effet positif, négatif ou nul de l'oxygène sur les raies spectrales Al I, Al II et Al III et pour mieux élucider cet effet de l'oxygène, nous avons mesuré le spectre de luminescence de l'alumine bombardée dans les mêmes conditions expérimentales. Dans une première étape nous mettrons l'accent sur les émissions lumineuses de l'aluminium puis dans une deuxième étape nous montrerons les capacités analytiques en analysant les impuretés présentes dans nos échantillons. Dans une troisième étape nous présenterons des résultats obtenus à l'aide de l'appareil ESSO muni d'une analyse en masse. Quant aux résultats obtenus par ASSO, il faut s'assurer que la source n'est pas contaminée par de la vapeur d'eau ou de l'air adsorbé sur les parois de la source et qui se désorbe lentement, généralement pendant une semaine.

Les expériences que nous allons décrire ci-dessous ont été réalisées avec le spectromètre ASSO décrit au chapitre II. Les résultats obtenus sont confrontés avec des travaux antérieurs [19-27].

IV- 1 Nature et préparation des échantillons

Les échantillons d'aluminium et d'alumine utilisés dans ce travail sont polycristallins. Avant d'être analysés, ces échantillons sont traités afin de présenter une surface lisse et propre et de diminuer les risques de contamination. Le protocole opératoire consiste à :
  - un polissage mécanique au carbonate de calcium ;
  - rinçage à l'éthanol puis séchage ;
  - nettoyage avec la cuve à ultrasons pendant une dizaine de minutes.

Ce traitement permet d'obtenir une surface plane dont la contamination superficielle en carbone, azote et oxygène sont minimales. De plus, les échantillons étudiés subissent un nettoyage *in situ* pendant 10 minutes grâce à l'action érosive du faisceau d'ion Kr$^+$ du bombardement.

Au cours de ce nettoyage on peut enregistrer les spectres de luminescence afin d'avoir des renseignements sur la surface initiale de la cible, ou alors étudier la variation d'intensité d'une raie optique en fonction du temps de décapage. Nous avons utilisé ces deux possibilités dans la suite de nos travaux.

IV- 2 Résultats obtenue par la technique ASSO (Analyse de Surface par Spectroscopie Optique)

Les figures III-6 a, b et c montrent les spectres de luminescence des échantillons : aluminium, aluminium en présence d'oxygène et alumine, enregistrés, au cours du décapage, tous dans le domaine spectral qui s'étend de 290 à 490 nm. L'angle est de 60° par rapport à la normale à la surface. Il est à noter que l'enregistrement du spectre de l'aluminium en présence de l'oxygène est fait en même position de bombardement que celui en absence de l'oxygène. Ces expériences ont été réalisées dans les conditions expérimentales suivantes (tableau III-5) :

Energie du faisceau d'ion Kr^+	5 keV
Intensité du courant ionique	0,66 µA
Angle d'attaque (par rapport à la normale de la cible)	60°
Pression en absence d'oxygène	inférieur à 10^{-7} torr
Pression en présence d'oxygène	2.10^{-6} torr

Tableau III-5 : Paramètres d'attaque des échantillons d'aluminium et d'alumine.

Ces spectres sont mesurés avec une résolution de 3,2 Å avec un pas de 0,1 nm soit 3 points pour décrire une raie. On peut estimer dans ces conditions une précision de $(\frac{\sqrt{I}}{I}+10)\%$ sur l'intensité (I étant l'intensité d'une raie). La jauge de type *Penning* ne permet pas de mesurer les pressions inférieures à 10^{-7} torr. Le vide limite du système est typiquement de 10^{-8} torr. Ces spectres montrent la présence de plusieurs raies intenses. Les quatre plus intenses sont attribuées aux raies atomiques Al I observées à 308,4, 309,4, 394,6 et 396,3 nm. Ces spectres contiennent aussi des raies d'émission correspondant à des ions simplement chargés (raies Al II) et des ions doublement chargés (raies Al III). Ces observations sur la position des raies sont évidemment en parfait accord avec des données de la littérature [28,29]. Sur le tableau III-6, nous avons reporté les différentes caractéristiques des raies observées dans nos spectres pour une cible d'aluminium. La première colonne indique les longueurs d'onde mesurées des raies spectrales, la deuxième colonne donne les intensités relatives de ces raies par rapport à celle de la raie la plus intense située à 396,1 nm. Les raies de faible intensité (par exemple la raie 453,1 nm) sont vues de façons plus explicites sur ces mêmes spectres représentés en échelle logarithmique (ces spectres seront présentés et commentés plus loin – cf. § IV-6). La troisième colonne reporte les longueurs d'onde des mêmes raies trouvées dans la littérature. Le décalage systématique de 2 Å observé entre les longueurs d'onde des colonnes 1 et 3 est dû à un mauvais réglage de l'étalonnage du cadran numérique du moteur. Dans les colonnes 4 et 5 nous avons reporté respectivement l'identification des raies observées et les positions énergétiques (en eV) des états électroniques supérieurs et inférieur impliqués dans la transition considérée. La valeur indiquée pour l'état supérieur donne l'énergie interne des atomes neutres (ou ions) excités. Dans tous les spectres enregistrés, aucune émission optique de l'oxygène ni du krypton n'est observée.

λ observée (nm)	I r (%)	λ litt.[11,12] (nm)	Transitions mises en jeu	Energie des niveaux (eV)	
				Supérieur	Inférieur
305.2 Al I	0.1	305.00	$3p4s\ ^4P^0_{5/2} - 3p^2\ ^4P_{3/2}$	7.67	3.60
305.8 Al I	0.8	305.71	$3p4s\ ^4P^0_{5/2} - 3p^2\ ^4P_{5/2}$	7.67	3.61
308.4 Al I	38	308.21	$3d\ ^2D_{3/2} - 3p\ ^2P^0_{1/2}$	4.02	0.00
309.4 Al I	74.5	309.28	$3d\ ^2D_{5/2} - 3p\ ^2P^0_{3/2}$	4.02	0.01
394.6 Al I	55	394.40	$4s\ ^2S_{1/2} - 3p\ ^2P^0_{1/2}$	3.14	0.00
396.3 Al I	100	396.15	$4s\ ^2S_{1/2} - 3p\ ^2P^0_{3/2}$	3.14	0.01
358.8 Al II	4.5	358.65	$4f\ ^3F^0_2 - 3d\ ^3D_3$	15.30	11.85
365.7 Al II	0.5	365.50	$5d\ ^3D_3 - 4p\ ^3P^0_2$	16.47	13.08
466.5 Al II	0.3	466.35	$4p\ ^1P^0_1 - 3p\ ^1D_2$	13.26	10.60
360.4 Al III	2	360.16	$4p\ ^2P^0_{3/2} - 3d\ ^2D_{5/2}$	17.81	14.37
361.4 Al III	0.7	361.23	$4p\ ^2P^0_{1/2} - 3d\ ^2D_{3/2}$	17.80	14.37
453.1 Al III	0.1	452.92	$4d\ ^2D_{5/2} - 4p\ ^2P^0_{3/2}$	20.55	17.81

Tableau III-6 : Raies d'émission observées lors du bombardement d'un échantillon d'aluminium.

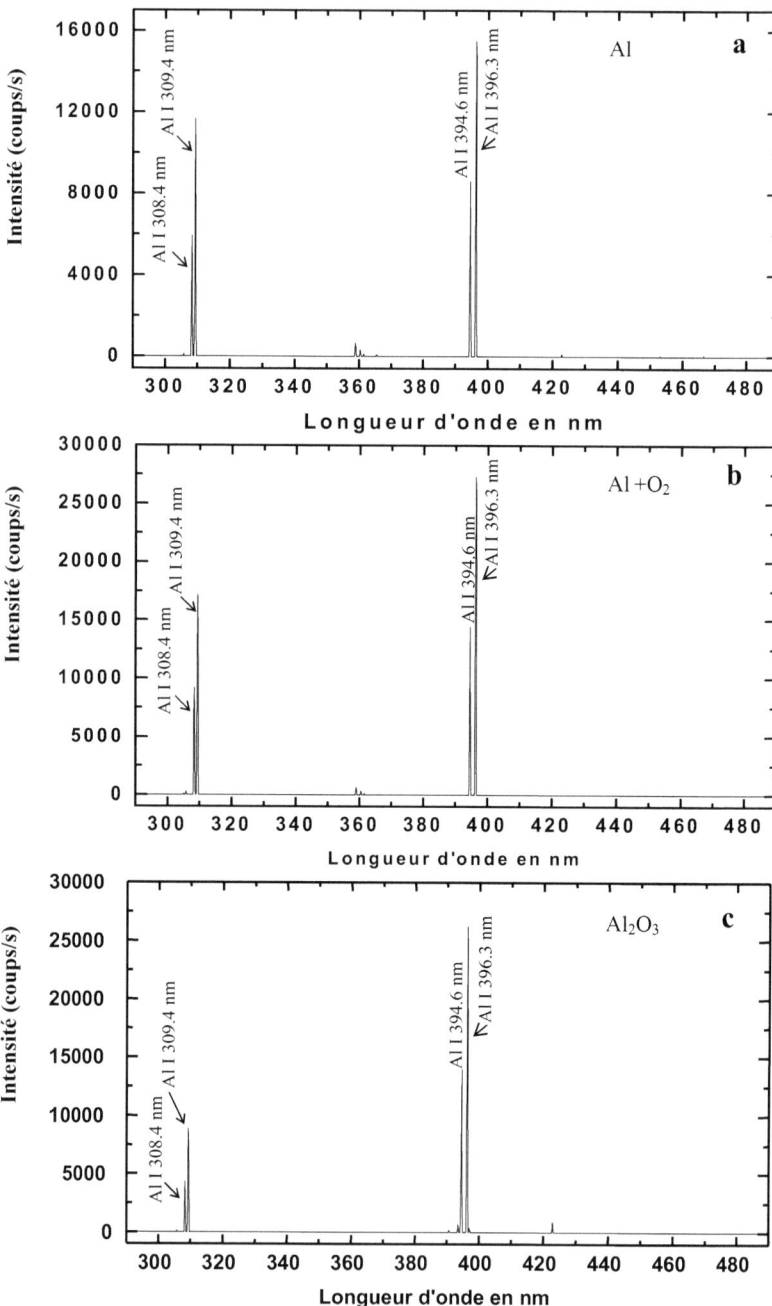

Figure III-6 : a) Spectre mesuré lors du bombardement d'un échantillon d'aluminium propre.
b) Spectre mesuré lors du bombardement d'un échantillon d'aluminium en présence de l'oxygène.
c) Spectre mesuré lors du bombardement d'un échantillon d'alumine.

IV- 3 Effet de l'oxygène sur les émissions optiques

Il a été établi que l'introduction volontaire d'un gaz chimiquement actif au voisinage d'une surface métallique soumise à un bombardement ionique modifie drastiquement la composition de cette surface. Ceci perturbe le phénomène de pulvérisation et entraîne une variation dans les proportions des diverses espèces pulvérisées. En particulier, la présence de l'oxygène tend à diminuer le nombre d'atomes neutres éjectés dans leur état fondamental. Hennequin [30] a remarqué que dans le cas de l'aluminium, le rendement de ces atomes est divisé par 4 lorsque la pression de l'oxygène passe de 10^{-7} à 10^{-4} torr. Par contre les rendements d'émission des ions secondaires ou de photons sont généralement intensifiés en présence de l'oxygène. Cela justifie notre remarque précédente sur les rapports entre rendement de pulvérisation et rendement lumineux : ici la dépendance est inverse entre émissions optiques et le nombre de particules éjectées en présence d'oxygène alors que c'est différent en ultravide.

L'exaltation des photons dépend non seulement de la nature de l'échantillon ou du gaz injecté mais aussi et tout particulièrement de la raie spectrale et donc des états électroniques mis en jeu dans la transition optique. L'effet remarquable de l'oxygène par rapport à d'autres gaz (He, Ar, N_2, air) sur la raie de résonance Al I : 396.1 nm, associée à la transition $4s\ ^2S_{1/2}$ - $3p\ ^2P^0_{3/2}$, lors du bombardement d'un échantillon d'aluminium par des ions Kr^+ de 5 keV a déjà été montré dans la thèse de A. Kaddouri [11]. Le signal lumineux augmente très lentement avec la pression du gaz injecté jusqu'à la pression de 10^{-7} torr et au-delà de cette valeur, le signal augmente considérablement. Cette remontée dépend de la nature du gaz utilisé et de sa pression ; elle est plus exaltée pour l'oxygène que pour les autres gaz. L'augmentation du signal optique observée dans le cas des gaz rares ou de l'azote pourrait être due à la présence de traces d'oxygène dans ces gaz (Fig. III-7).

Le bombardement d'une cible solide sous une atmosphère d'oxygène contrôlée provoque souvent un renforcement des intensités des raies spectrales et plusieurs auteurs ont observé ce phénomène. Kerkdijk et al. [31] ont constaté que la présence de l'oxygène augmente les intensités des raies spectrales observées lors du bombardement d'une cible de magnésium par des ions Ne^+. Fournier et al. [32] ont étudié le comportement des raies Mg I et Mg II lors du bombardement, par des ions Kr^+ de 5 keV, d'une cible de magnésium propre ou couverte d'oxygène ; les auteurs ont observé que la présence d'oxygène augmente le signal des neutres d'un facteur 10 alors qu'elle diminue celui des ions. Reinke et al. [33] ont observé que des raies de Al I émises lors du bombardement d'une cible d'aluminium par des ions Ar^+ de 300 keV augmentent d'un facteur 20 en présence d'oxygène. L'exaltation des intensités des raies spectrales par la présence de l'oxygène a été aussi observée dans le cas d'une cible de Si [34] et même de terre rare [35].

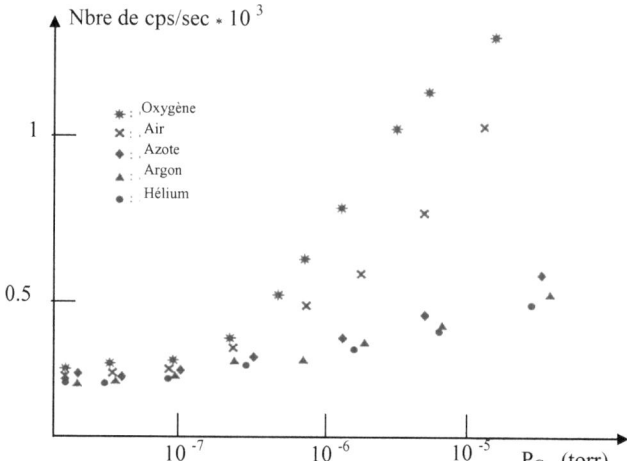

Figure III-7 : Variation de l'intensité de la raie Al I : 396.15 nm en fonction de la nature et de la pression, P_G, de différents gaz lors du bombardement d'une cible d'aluminium sous une incidence de 60° par des ions Kr^+ de 5 keV [11].

Il a étudié l'effet de l'oxygène sur l'aluminium et l'alumine dans les mêmes conditions que vous mais avec ESSO. Bellaoui [14] tient compte en effet des processus de cascades lumineuses et développe les mêmes modèles et explications.

L'effet de l'oxygène sur les divers produits de pulvérisation trouve son explication dans le fait que la présence de ce gaz, pendant le bombardement d'une cible métallique, déclenche la formation de couches chimisorbées et/ou physisorbées au niveau de la surface de la cible. La nature et l'épaisseur de ces couches varient d'un métal à un autre. En ce qui concerne la diminution, en présence d'oxygène, du rendement total de pulvérisation d'un polycristal, les explications suivantes peuvent être évoquées :

i) la vitesse de décapage des atomes superficiels est inférieure à la vitesse de la croissance des nouvelles couches formées ;

ii) les atomes de l'oxygène adsorbés à la surface constituent un obstacle mécanique plus au moins efficace à la pénétration des ions de bombardement, ce qui diminue la transmission de l'énergie dans les cascades de collision responsable du déplacement et de l'éjection des particules en dehors de la cible.

Par ailleurs, concernant l'émission des ions, l'augmentation observée en spectrométrie de masse des ions secondaires (technique SIMS) lors du bombardement en présence de l'oxygène s'explique par le mécanisme que l'on convient d'appeler : émission chimique [36]. Il est important de remarquer que cette émission concerne en fait des ions qui sont formés dans leur état fondamental donc qui n'émettent pas de photons.

IV- 4 Analyse de l'influence de l'oxygène sur l'aluminium

En présence de l'oxygène, nos résultats expérimentaux sur ASSO et ESSO montrent que les intensités des raies spectrales n'évoluent pas de la même façon. En effet, on observe une exaltation des raies des neutres Al I, une dépendance négative de certaines raies ioniques Al II et une insensibilité de toutes les raies Al III associées à l'ion double. Le tableau III-7 présente ces résultats et, sur la 4ème colonne, nous avons indiqué les intensités des mêmes raies observées dans le cas du bombardement d'une cible de l'alumine. La colonne 5 montre l'influence de l'oxygène sur les raies spectrales et on note tout particulièrement l'effet nul de l'oxygène sur les raies Al III. Ces comportements sont vraisemblablement régis par une forte compétition entre les transitions radiatives et non radiatives des atomes excités et ils peuvent s'expliquer dans le cadre du modèle d'échange d'électrons entre la particule (atome neutre ou ion) éjectée et les niveaux d'énergie du solide. Pour se faire, nous repérons par rapport à l'énergie du vide, les états électroniques émetteurs de la particule par l'énergie E_V défini par $E^* - I^{n+}$ où E^* est l'énergie de l'état émetteur et I^{n+} le potentiel d'ionisation simple (n=1) ou multiple (n=2,3,…). La colonne 6 du tableau III-8 donne les valeurs de E_V des différents états émetteurs des raies spectrales observées. Nous avons noté de **a** à **f** les états émetteurs des raies Al I, par α, β, χ ceux des raies Al II et par u,v,w ceux qui émettent les raies Al III.

Sur la figure III-9, nous présentons un schéma de diagramme des niveaux d'énergie du métal Al, du solide Al_2O_3 et des niveaux émetteurs associés aux différentes raies observées. Le métal est caractérisé par son travail de sortie : $\Phi = 4.28$ eV [37], l'oxyde par l'affinité électronique de Al_2O_3 : $A_f = 1$ eV [38] et par la largeur du gap égale à 10.26 eV [39]. Enfin les états émetteurs des raies Al I, Al II et Al III sont repérés par les valeurs de E_V définies respectivement par les potentiels d'ionisation de Al (5,98 eV), Al^+ (18,83 eV) et Al^{++} (28,45 eV). Le changement des intensités des raies spectrales observées dans nos spectres peut s'expliquer de la façon suivante : tous les états émetteurs des raies Al I qui sont situés à la fois en face de la bande du travail de sortie ($-\Phi < E_V < 0$) et du gap de l'oxyde ($E_V < -A_f$) peuvent céder leur électron au métal et non à l'oxyde. En présence de l'oxyde, la désexcitation des états excités s'effectue donc par émission de photons et le signal lumineux est alors intensifié ; c'est ce que nous observons pour les états émetteurs notés **c, d, e, f**. Par ailleurs, le modèle reste encore valable pour la raie Al II (466.5 nm) qui par contre montre une dépendance négative avec l'oxygène. En effet, l'état émetteur correspondant, noté χ, est situé en face du gap et en face des états occupés de la bande de conduction du métal. Cet état ionisé peut donc être peuplé par le métal et non par l'oxyde et son peuplement s'effectue par capture d'un électron du métal par un état excité de l'ions Al^{++} situé au voisinage de la surface :

$$Al^{++} + e^-_M \longrightarrow Al^{+*} \longrightarrow Al^+ + h\nu.$$

où e^-_M est l'électron capté provenant d'un des niveaux du bain de Fermi.

Pour l'oxyde, cette réaction devient impossible à cause du gap et par conséquent, aucun échange d'électrons ne peut se faire entre les états émetteurs concernés et la surface de l'oxyde ; d'où la diminution observée pour l'intensité de cette raie.

Bien que ce modèle soit applicable aux quatre raies Al I : 308.4, 309.4, 394.6 et 396.3 nm et à la raie Al II : 466.5 nm, il n'explique pas le comportement des intensités des autres raies.

En effet, on ne peut rien annoncer pour les raies Al I situées à 305.2 nm et 305.8 nm dont les états émetteurs (notés : **a** et **b**) sont situés au-dessus de l'énergie du vide ($E_V > 0$) et qui manifestent expérimentalement une dépendance positive avec l'oxygène. De même, les deux raies Al II (358.8 nm et 365.7 nm) montrent une dépendance négative avec l'oxygène alors que l'application du modèle prévoit le contraire puisque les états émetteurs correspondants (états χ et α respectivement) peuvent être vidé par le métal et non par l'oxyde. Ces raies semblent disparaître dans le spectre de l'alumine.

Le modèle n'explique pas aussi le comportement de toutes les raies Al III dont les états émetteurs (notés **U,V,W**) peuvent être peuplées par le métal et non par l'oxyde et par conséquent on devrait s'attendre à une dépendance négative avec l'oxygène.
Expérimentalement, ces raies Al III restent insensibles à la présence de l'oxygène mais elles ont tendance à disparaître dans le spectre de l'alumine.

L'application directe du modèle de transfert d'électrons n'explique pas la totalité de nos observations expérimentales. Ceci est sans doute lié au fait que ce modèle considère les deux situations extrêmes à savoir le métal pur ou l'oxyde supposé être formé à la suite d'une chimisorption de l'oxygène. Hennequin [30] a constaté que, lors du bombardement des monocristaux d'aluminium par des ions Ar^+ de 8 keV en présence d'oxygène (10^{-5} torr), il n'y a pas la formation d'un véritable oxyde (l'alumine en l'occurrence) mais simplement une solution d'oxyde dans le métal dont la composition chimique varie avec la profondeur. Nous pouvons considérer que dans nos conditions expérimentales le comportement observé pour les émissions lumineuses en présence de l'oxygène est gouverné par une situation dans laquelle il y a formation d'un système de composition et de structure de bandes intermédiaires entre celles du métal initial et celles de l'oxyde susceptible d'être développé. Ce système est une sorte d'alliage '' métal-oxygène '' dont la stœchiométrie est différente de celle de l'oxyde et est régie par la compétition entre l'action pulvérisant du faisceau d'ions de bombardement et la fixation des atomes d'oxygène sur la surface.

Cette structure intermédiaire qui se forme en présence d'oxygène n'entraîne pas pour autant que les intensités des raies spectrales ont des valeurs intermédiaires entre celles observées dans le spectre de l'aluminium propre et celle du spectre de l'alumine. Cette situation est plus marquée pour des raies Al I qui, dans le spectre d'aluminium en présence de l'oxygène, présentent des intensités supérieures à celle observées dans le spectre de l'alumine. Il semble qu'en présence d'oxygène, l'éjection directe par la cible des particules dans des états excités n'est pas le seul mécanisme de formation des atomes excités mais une excitation dissociatives de molécules pulvérisées peut aussi avoir lieu. En effet, lors du bombardement de la structure intermédiaire, des molécules métal-oxygène sont éjectées et peuvent se dissocier spontanément à des distances où les processus d'échange d'électrons avec la surface ne se produisent plus, pour donner des atomes excités qui se désexcitent par émission de photons.

Enfin, dans le cas de l'alumine, nos observations (colonne 4 du tableau III-3) restent en bon accord avec les prévisions du modèle à l'exception toutefois des raies Al II détectées à 358,8 et 365,7 nm et qui, selon le modèle, devraient être exaltées. Le comportement des deux autres raies Al II, des quatre raies intenses Al I et des trois raies Al III s'explique aisément dans le cadre du modèle. En particulier, les raies Al III (360,4, 361,1 et 453,1 nm) diminuent très fortement de telle sorte qu'elles ne sont plus détectables dans nos conditions expérimentales. Cette diminution (ou disparition dans nos spectres) s'interprète donc par le peuplement de l'état ionisé par le métal et non par l'oxyde. En d'autres termes, un électron du métal est capté par l'ion Al^{+++} pour former un ion excité Al^{+++*} qui se désexcite radiativement. Ce processus ne pouvant donc pas avoir lieu avec l'alumine car les états émetteurs se trouvent en face du gap.

λ (nm)	Intensité absolue (coups/s)			Dépendance	Ev (eV)	Validité du modèle
	Aluminium à $P = 10^{-7}$ torr	Aluminium + O_2 à $P = 2.10^{-6}$ torr	Alumine à $P = 10^{-7}$ torr			
305.2 Al I	20	90	30	+	1.69 **a**	Non
305.8 Al I	120	290	130	+	1.69 **b**	Non
308.4 Al I	5870	9230	4300	+	-1.96 **c**	Oui
309.4 Al I	11480	16990	8880	+	-1.96 **d**	Oui
394.6 Al I	8480	14530	14130	+	-2.84 **e**	Oui
396.3 Al I	15400	27100	25410	+	-2.84 **f**	Oui
358.8 Al II	700	480	n. o.*	-	-3.53 χ	Non
365.7 Al II	80	30	n. o.*	-	-2.64 α	Non
466.5 Al II	50	10	n. o.*	-	-5.57 β	Oui
360.4 Al III	320	340	n. o.*	0	-10.64 **W**	Non
361.4 Al III	120	120	n. o.*	0	-10.64 **V**	Non
453.1 Al III	50	40	n. o.*	0	-7.90 **U**	Non

Tableau III-7 : Dépendance des raies Al I, Al II et Al III lors du bombardement de l'aluminium en présence et en absence d'oxygène et lors du bombardement de l'alumine. + : Augmentation de l'intensité en présence de l'oxygène, - : Diminution de l'intensité en présence de l'oxygène, 0 : pas de variation de l'intensité en présence de l'oxygène. *n.o. : non observée.

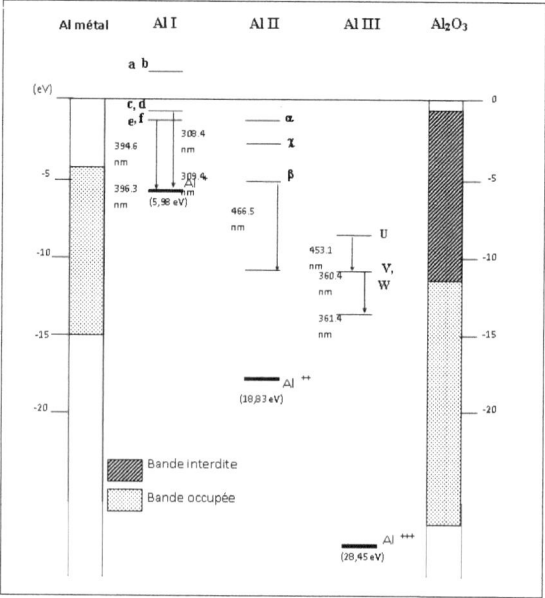

Figure III-9 : Diagramme des niveaux d'énergie du métal Al, du solide Al_2O_3, des atomes excités Al^* et des ions excités Al^{+*} et Al^{++*}.

IV- 5 Comparaison entre les résultats ASSO et ESSO

Pour la discussion des résultats, une comparaison a été effectuée avec des travaux antérieurs [11,14]. Quatre points sont à retenir.
Concernant les émissions des atomes neutres d'aluminium :
- l'apport d'oxygène gazeux à une cible d'aluminium pur les renforce d'un facteur de l'ordre de 10 à 100, selon les conditions de bombardement,
- elles sont comparables pour une cible d'aluminium et une cible d'aluminium en présence d'oxygène quand la pression d'oxygène dépasse 10^{-6} Torr.
Concernant les émissions des ions d'aluminium :
- l'apport d'oxygène gazeux à une cible d'aluminium pur a peu d'influence sur elles,
- elles sont quasiment absentes avec une cible d'alumine.

Raie (nm)	$I(Al_2O_3)/I(Al+O_2)$		$I(Al_2O_3)/I(Al)$	
	ESSO	ASSO	ESSO	ASSO
305,0	0,91	0,35	12,50	2,00
305,7	1,00	0,44	15,00	1,03
308,2	1,37	0,47	9,05	0,73
309,2	1,30	0,52	8,22	0,77
394,4	1,18	0,97	4,28	1,67
396,1	1,13	0,94	3,29	1,65

Tableau III-8 : Rapport des intensités des raies de l'aluminium neutre pour des échantillons d'alumine et d'aluminium, avec et sans apport d'oxygène gazeux, dans les expériences sur ESSO [14] et ASSO.

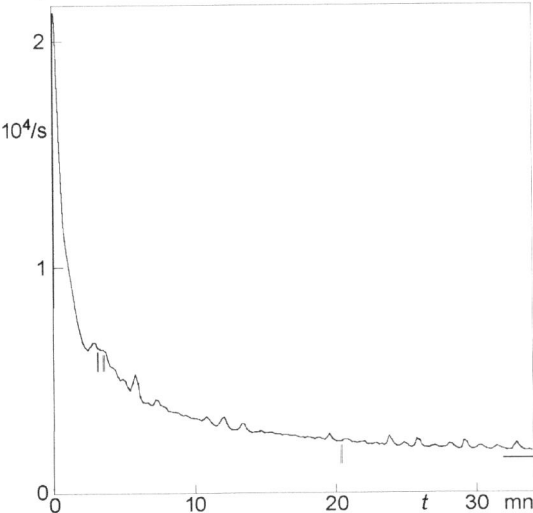

Figure III-8 : Intensité de la raie Al 309,3 nm en fonction du temps lors du bombardement d'une cible d'aluminium. On a coché à droite la valeur à laquelle le signal se stabilise au bous d'environ une heure et on a marqué les instants où le monochromateur passe les 6 raies de l'aluminium neutre figurant dans le tableau III-6.

Le tableau III-8 donne, pour les expériences ASSO et ESSO, les rapports d'intensité des raies neutres pour un échantillon d'alumine et pour un échantillon d'aluminium, avec et sans apport d'oxygène gazeux. Sans apport d'oxygène, la pression dans l'enceinte est de 4×10^{-8} Torr (ESSO) et de 10^{-7} Torr (ASSO). Avec apport d'oxygène, elle est de 5×10^{-6} Torr dans les deux cas. L'aluminium sert de référence, car il n'a besoin que d'un bref décapage préliminaire. Avec apport d'oxygène, les expériences sur ESSO donnent des rapports proches de 1 alors que celles sur ASSO donnent des valeurs inférieures, jusqu'à 0,4, ce qui impliquerait que certaines émissions lumineuses soient plus de deux fois plus intenses avec une cible d'aluminium sous oxygène qu'avec une cible d'alumine. Sans apport d'oxygène, les expériences sur ESSO mettent en évidence l'effet de l'oxygène constitutif de l'alumine, avec un apport de 3 à 15, tandis que les expériences sur ASSO montrent peu d'effet, avec un apport de 0,7 à 1,7.

Les résultats des expériences sur ASSO et sur ESSO tendent à converger à mesure que la longueur d'onde augmente, donc que le temps s'écoule et que le décapage se poursuit. Pour essayer d'évaluer cet effet, nous avons placé dans l'appareil ESSO un échantillon d'aluminium et avons enregistré le signal d'une raie intense en fonction du temps à compter du début du bombardement. La figure III-8 montre la première demi-heure, ainsi que la valeur finale, atteinte au bout d'environ une heure. Après sept secondes, pendant lesquelles les couches adsorbées sont éliminées, le signal atteint un niveau élevé qui évoque l'émission en présence d'oxygène, puis décroît. Trois à quatre minutes après, on atteint la longueur d'onde des quatre raies du tableau III-6. Le signal a alors environ 4 fois sa valeur finale. 21 mn après le début de l'enregistrement, on atteint la longueur d'onde des deux dernières raies. Le rapport à la valeur finale est alors d'environ 1,5. Ces rapports expliquent le sens des différences entre les expériences sur ASSO et sur ESSO sans apport d'oxygène, mais pas complètement leur ordre de grandeur. Avec apport d'oxygène, les différences sont naturellement moins marquées. Il se trouve même que dans les expériences sur ASSO, les émissions lumineuses sont initialement plus intenses avec l'aluminium qu'avec l'alumine. Que ce soit avec ou sans apport d'oxygène, on a donc besoin d'un complément d'explication. Celui-ci pourrait être recherché du côté du procédé de polissage, qui fait que l'aluminium initialement présent sur la surface de l'échantillon d'aluminium l'est sous forme de petites particules au rendement de pulvérisation élevée.

Nos résultats montrent d'une part que le spectre de l'aluminium représente toutes les caractéristiques d'une surface propre au sens physique du terme puisque les raies ionisées et doublement ionisée apparaissent clairement et que d'autre part il existe une anomalie puisque les raies neutre et simplement ionisées sont intenses ce qui signifie une surface oxydée. Cela est clairement démontré dans le tableau III-7 puisque dans ASSO le signal de l'aluminium est à un facteur 2 près aussi intense que celui de l'alumine (cf. colonne 4 et 5) alors que dans les expériences ESSO ce rapport est compris entre 3 et 15 suivant les raies. Ces mêmes différences sont observées pour les raies ioniques. Le rapport I(Al) /I(Al_2O_3) tant pour les raies neutres que ioniques varie entre 0,6 et 1, 4 dans l'expérience ASSO alors que le rapport I(Al+O_2)/ I(Al_2O_3) est trois ordre de grandeur supérieur ainsi que l'illustre le tableau des raies ioniques. Notre surface d'aluminium se comporte à la fois comme une surface propre et comme une surface d'alumine très émissive de photons. Nous pensons que cela serait liée à la présence d'un faisceau ionique de décapage multi composite dû à un dégazage insuffisant de la source d'ion : le faisceau serait composé de krypton mais aussi d'azote et d'oxygène. Le krypton décapant la surface et l'oxygène augmente le rendement d'émissions lumineuses. Cette hypothèse demande à être vérifiée et il existe ici une nouvelle voie de recherche.

En conclusion l'effet de l'oxygène observé sur ASSO est faible, surtout si l'on tient compte des effets de charge de surface qui tendent à défocaliser le faisceau d'ions lors de l'impact sur un isolant, des effets géométriques sur l'angle de collection des photons lorsqu'on passe d'un échantillon à un autre (défaut mécanique du porte échantillon).

IV- 6 Emission optique des impuretés présentes dans les échantillons étudiés

Les raies de faibles intensités (par exemple la raie 453,1 nm) sont vues de façons plus explicites sur ces mêmes spectres représentés en échelle logarithmique ainsi que le montre la figure III-10 et sa légende. Les diverses intensités des raies lumineuses que nous avons mesurées sont reportées dans les deuxième, troisième et quatrième colonnes du tableau III-8. Dans ce tableau nous donnons les résultats bruts d'ordinateurs, on peut estimer que la précision de nos mesures est de 5 à 10% en tenant compte de l'erreur statistique, du pas de défilement du monochromateur qui est grand devant la largeur des raies mesurées.

Les figures III-10 et III-11 présentent les spectres des intensités (en échelle logarithmique) pour des cibles d'aluminium, aluminium en présence d'oxygène et alumine. Sur ces spectres on note la présence de quelques impuretés. En effet, la raie à 422,8 nm provient du calcium (CaII) et les autres raies du calcium l'accompagnent avec des rapports d'intensité attendus (Ca I : 373,9 nm, Ca I : 390,5 nm). Ces mêmes observations ont été obtenues par Lee et al [26] lors du bombardement d'une cible d'aluminium par des ions Ca^+ de 15 keV. Ils observent, entre autres, la raie à 422,8 nm (4^1S_0-4^1P_1) correspondante à la raie de Ca II. Lors de nos expériences, la concentration de calcium révèlée dans la couche décapée est inférieure à 1%. On trouve aussi dans l'échantillon d'alumine, du baryum (Ba I : 456,1 nm) du silicium (Si I 384,2 nm), et du manganèse (Mn I : 403,4 nm).

Nous avons ainsi mis en évidence le comportement d'une surface constellée par de la poussière d'alumine et du carbonate de calcium ainsi que d'autres impuretés. Pour que la méthode ASSO devienne un instrument d'analyse locale de surface et une méthode d'étude fondamentale des processus des émissions optiques, il est nécessaire d'éliminer des impuretés incorporées dans la cible pour parvenir au substrat. En effet, la figure III-12 montre deux spectres lors du bombardement d'une cible d'aluminium. L'un sur une zone fraîche, et l'autre sur une zone qui a été bombardée au moins 30 min. Il apparaît clairement la disparition totale des raies d'émission de Ca tout en laissant quasi intacte les raies d'émission de l'aluminium atomique et ionique. Ceci confirme l'hypothèse de la présence des impuretés sur la surface des cibles étudiées.

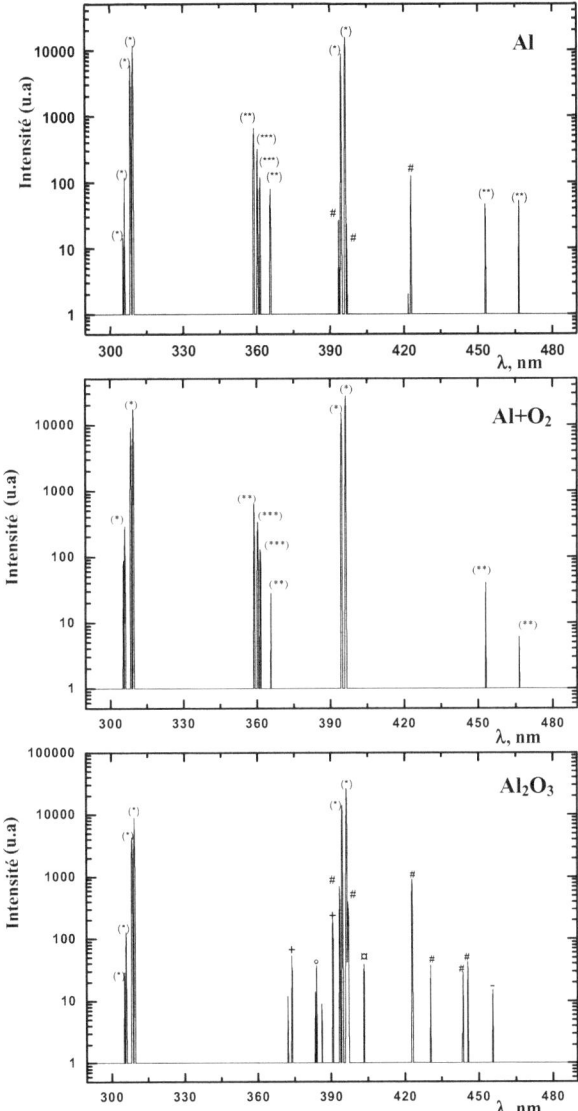

Figure III-10 : Spectres bruts obtenus avec l'appareil ASSO (région 300-480 nm) sur des cibles d'aluminium et d'alumine à une pression de 10^{-7} Torr et une cible d'aluminium en présence d'oxygène à 5.10^{-6} Torr.

(*) : Al I, (**): Al II, (***): Al III, + : Ca I, ∘ : Si I, ¤ : Mn I, # : Ca II, - : Ba I.

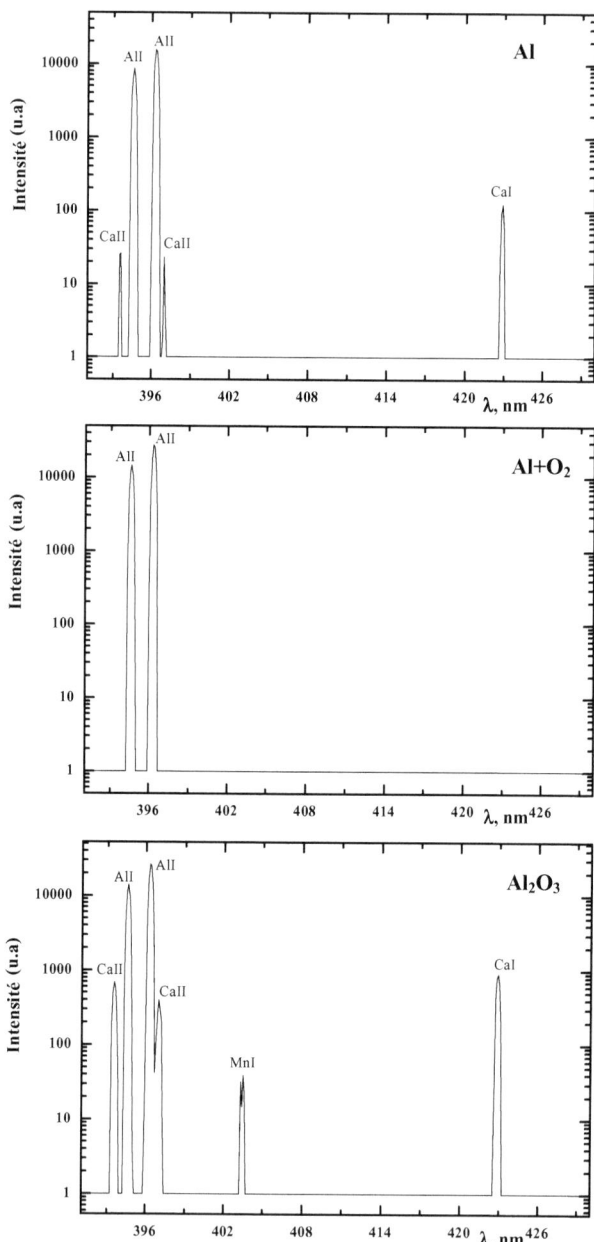

Figure III-11 : Spectres bruts obtenus avec l'appareil ASSO (région 393-428 nm) sur des cibles d'aluminium et d'alumine à une pression de 10^{-7} Torr et une cible d'aluminium en présence d'oxygène à 5.10^{-6} Torr.

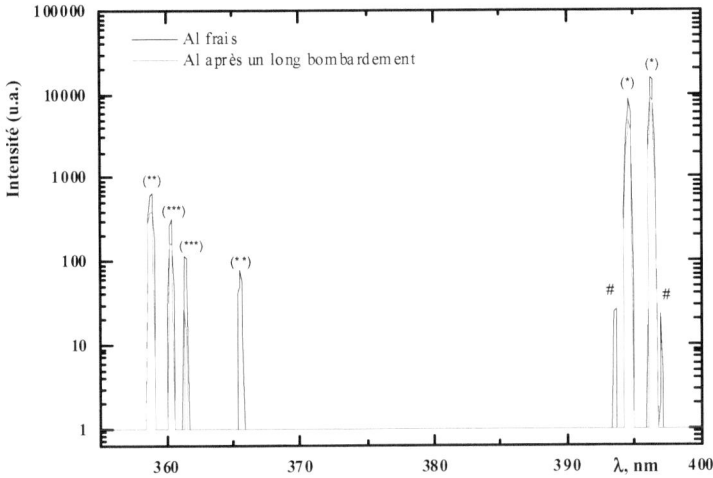

Figure III-12 : Spectres bruts obtenus avec l'appareil ASSO (région 355-400 nm) sur des cibles d'aluminium à une pression de 10^{-7} Torr sur une zone fraîche et une zone bombardé pendant 30 min.

La discussion de ce qui précède illustre les capacités analytiques de la spectroscopie optique sous bombardement ionique en général et de l'appareil ASSO en particulier. De nombreuses espèces atomiques sont détectées à la surface d'un échantillon.

V- Emissions optiques observées lors du bombardement d'échantillons de silicium et d'oxyde de silicium

Dans cette partie, nous allons présenter les résultats de l'effet de l'oxygène sur les émissions optiques émises lors du bombardement des échantillons de silicium et de l'oxyde de silicium par des ions Kr^+ de 5keV. Les résultats obtenus sont interprétés dans le cadre du modèle de transfert d'électrons entre la surface et la particule éjectée. La validité du modèle suggère qu'en présence de l'oxygène, une structure est formée dont le schéma de bandes d'énergie est intermédiaire entre celui du silicium et celui de son oxyde.

L'intérêt pour ces types de matériaux est particulièrement important et trouve son application dans la réalisation de capteurs chimiques ou de composants pour l'optoélectronique, les télécoms et des composants de traitement du signal optique [40].

V- 1 Conditions expérimentales

Le spectre d'émission optique des échantillons de silicium et d'oxyde de silicium bombardés est mesuré entre 200 et 600 nm. Les conditions expérimentales de bombardement et de détection de la lumière sont reportées sur le tableau III-9

Pression dans l'enceinte en absence d'oxygène	$< 10^{-7}$ torr
Pression dans l'enceinte en présence de l'oxygène	5.10^{-6} torr
Fentes du monochromateur	400 µm
Angle d'incidence (par rapport à la normale à la surface)	70°
Région spectrale	200–590 nm
Résolution	0,32 nm
Temps de comptage	1000 ms
Densité de courant ionique	30 - 38 µA/cm²

Tableau III-9 : Paramètres d'attaque des échantillons : silicium et d'oxyde de silicium.

Il faut noter que pour les cibles isolantes, la mesure du courant d'ion est délicate à cause des charges de surface qui provoquent une divergence du faisceau d'ions. De plus lorsqu'on passe d'un échantillon à un autre le réglage change.

V- 2 Résultats et discussion des émissions optique de Si et de SiO$_2$

Les figures III-13 a, b et c montrent le spectre de luminescence entre 200 et 300 nm des cibles de Si (001), Si (001) en présence d'oxygène et SiO$_2$ lors du bombardement par des ions Kr$^+$ de 5 keV. Ces spectres sont mesurés avec une résolution de 3,2 Å et montrent la présence de plusieurs raies fines qui sont directement identifiées à des raies d'émissions optiques des atomes neutres Si I. Pour des longueurs d'onde supérieur à 300 nm, aucune raie associée au silicium n'est détectée et on observe uniquement que les raies du second ordre. Les mêmes observations ont été reportées dans les travaux de Bhattacharyya et al. [41]. En absence de l'oxygène le spectre de luminescence du silicium contient 6 raies Si I dont la plus intense est situé à 251,8 nm. Le spectre de luminescence de Si en présence d'oxygène contient, en plus des 6 raies précédentes, 3 autres raies qui sont aussi identifiées à des émissions optiques Si I. Il faut signaler que dans la gamme du longueur d'onde explorée, aucune raie d'émission attribuée au ions Kr$^+$ et à celui d'oxygène n'est observée. Par ailleurs, on note l'absence des émissions de continuum dans tous les spectres. La comparaison des spectres obtenus montre que les intensités des raies atomiques correspondant à Si I sont renforcées en intensité en présence de l'oxygène. Cette exaltation dépend de la longueur d'onde et par conséquent de la transition électronique impliquée. Ce renforcement peut atteindre un facteur 50. Pour mieux élucider l'effet de l'oxygène sur les raies spectrales, nous avons mesuré le spectre de luminescence de l'oxyde de silicium dans les mêmes conditions expérimentales. On observe aussi les 9 raies Si I avec des intensités comparables à ceux mesurés dans le cas du silicium en présence de l'oxygène. Dans le tableau III-10 sont reportés les longueurs d'ondes observées λ^{obs} correspondants aux raies atomiques de Si I, $\lambda^{litt.}$ représente les longueurs d'onde données par la littérature [28-42]. Sur la colonne 2 du tableau III-10, nous avons transcrit les intensités relatives des raies de Si, Si en présence de l'oxygène et SiO_2 par rapport à la raie la plus intense située à 251,8 nm. Les colonnes 4 et 5 du même tableau identifient les transitions mises en jeu ainsi que les positions énergétiques (en eV) des états électroniques supérieur et inférieur impliqués dans la transition considérée. Dans nos expériences, nous avons constaté que les raies d'émission de Si sont fortement sensibles à la présence de l'oxygène. En effet, nous observons une exaltation de toutes les raies atomiques du Si I quand la surface du silicium est exposée à l'oxygène. Le tableau III-11 montre les intensités absolues des raies de Si I observées dans le cas du bombardement du silicium en l'absence et en présence de l'oxygène et de la silice où on a reporté sur la colonne 5, l'effet de l'oxygène sur les raies spectrales, on note immédiatement que toutes les raies ont une dépendance positive avec l'oxygène. Sur l'avant dernière colonne, nous avons reporté les énergies $Ev = E^* - I^+$ avec $I^+(Si) = 8,15$ eV [43] et nous avons noté de **a** à **i** les états émetteurs.

De nombreuses études ont traité les émissions lumineuses lors du bombardement ionique sur les cibles de Si. Bhattacharyya et al. [41,44] ont présenté des résultats expérimentaux portant sur le bombardement ionique de Si par des ions Ne^+ (60 keV), Xe^+ (300 keV) et SF_5^+ (300 keV) dont le but d'estimer le rendement de pulvérisation photonique d'un substrat de Si adsorbé par de l'oxygène. Ils ont par conséquent étudié le phénomène transitoire généré par l'introduction d'oxygène lors de la pulvérisation. Ces résultats confirment la non-linéarité du taux de pulvérisation lors du bombardement par des ions SF_5^+ et ils ont discuté ces résultats on utilisant le modèle du recouvrement des différentes cascades de collision. Ghose et al. [45,46] ont observé une augmentation du signal lumineux d'un facteur 10 de la raie Si I 251,6 nm et la raie Si I 288,2 nm lorsque la pression de l'oxygène introduit passe de 10^{-8} à 10^{-5} mbar.

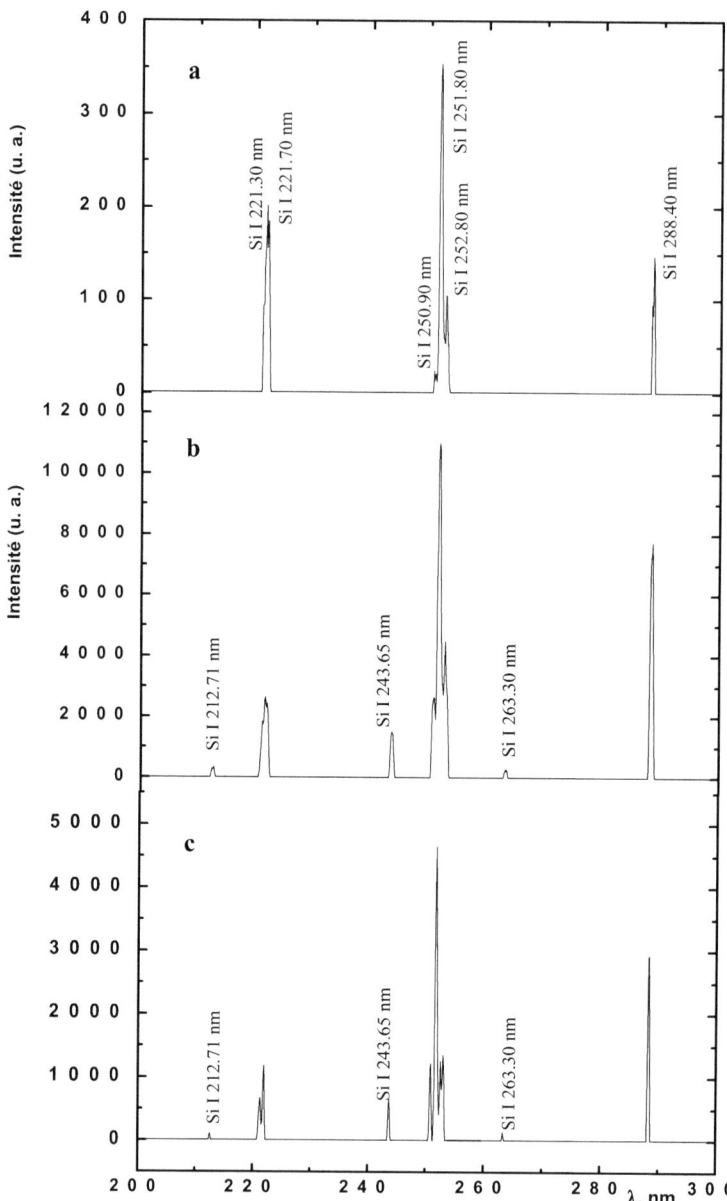

Figure III-13 : Spectre mesuré lors du bombardement d'un échantillon de :
a) silicium propre, b) silicium en présence d'oxygène, c) d'oxyde de silicium.

λ° (nm)	I %			λ^L (nm)	Transition	Energie des niveaux (eV)	
	Si	Si+O$_2$	SiO$_2$			Supérieur	Inférieur
212,71	n.o.*	3	2	212,40 Si I	3s^2 3p3d ^{1}F$^0_3$ - 3s^2 3p^2 ^{1}D$_2$	6,62	0,78
221,70	38	17	15	221,17 Si I	3s 3p^3 ^{3}D$^0_1$ - 3s^2 3p^2 ^{3}P$_1$	5,61	0,01
221,70	57	24	25	221,67 Si I	3s 3p^3 ^{3}D$^0_3$ - 3s^2 3p^2 ^{3}P$_2$	5,72	0,03
243,65	n.o.*	14	14	243,51 Si I	3s^2 3p3d ^{1}D$^0_2$ - 3s^2 3p^2 ^{1}D$_2$	5,78	0,78
250,90	14	23	26	250,68 Si I	3s^2 3p 4s ^{3}P$^0_2$ - 3s^2 3p^2 ^{3}P$_1$	4,95	0,01
251,80	100	100	100	251,61 Si I	3s^2 3p 4s ^{3}P$^0_2$ - 3s^2 3p^2 ^{3}P$_2$	4,95	0,03
252,80	29	41	28	252,41 Si I	3s^2 3p 4s 3P$^0_0$ - 3s^2 3p^2 ^{3}P$_1$	4,92	0,01
263,30	n.o.*	2	3	363,13 Si I	3s^2 3p3d ^{1}P$^0_1$ - 3s^2 3p^2 ^{1}S$_0$	6,62	1,91
288,40	42	70	63	288,15 Si I	3s^2 3p 4s ^{1}P$^0_1$ - 3s^2 3p^2 ^{1}D$_2$	5,08	0,78

Tableau III-10 : Raies d'émission observées lors du bombardement d'un échantillon de Si, Si en présence de l'oxygène et SiO$_2$.

λ^L (nm)	Intensité (u. a.)			Dépendance	Ev (eV)	Validité du modèle
	Si P = 10^{-7} torr	Si+O$_2$ P = 5.10^{-6} torr	SiO$_2$ P = 10^{-7} torr			
212,40 Si I	n.o.*	290	110	+	-1,53 **a**	oui
221,17 Si I	130	1910	670	+	-2,54 **b**	oui
221,67 Si I	200	2640	1170	+	-2,43 **c**	oui
243,51 Si I	n.o.*	1500	640	+	-2,37 **d**	oui
250,68 Si I	20	2610	1220	+	-3,20 **e**	oui
251,61 Si I	350	11040	4650	+	-3,20 **f**	oui
252,41 Si I	100	4510	1300	+	-3,23 **g**	oui
263,13 Si I	n.o.*	230	130	+	-1,53 **h**	oui
288,15 Si I	150	7730	2930	+	-3,07 **i**	oui

Tableau III-11 : Dépendance des raies Si I lors du bombardement des cible de Si, Si en présence de l'oxygène et SiO$_2$.

+ : Augmentation de l'intensité en présence de l'oxygène.
*n.o. : non observée.

Sur la figure III-14, nous avons présenté un schéma de diagramme des niveaux d'énergie du semi-conducteur Si, de l'oxyde SiO_2 et des niveaux émetteurs associés aux différentes raies observées. Le semi-conducteur est caractérisé par son affinité électronique $\chi_f(Si) = 4{,}04$ eV [43] et par la largeur de sa bande interdite $E_g = 1{,}1$ eV [47]. L'oxyde SiO_2, quant a lui, est caractérisé par son affinité électronique $\chi_f(SiO_2) = 0{,}9$ eV [43] et une largeur de la bande interdite $E_g = 9$ eV [43]. Cette figure montre que tous les états émetteurs de Si I sont localisés en même temps en face de la bande de conduction ($-\chi_f(Si) < E_v < 0$) et de la bande interdite de l'oxyde ($-\chi_f(SiO_2) < E_v < 0$). En présence de l'oxyde, la désactivation des états excités s'effectue alors par émission de photons et le signal est ainsi intensifié; c'est ce que nous observons pour tous les états émetteurs associés aux raies Si I. Le comportement des intensités des raies spectrales observées dans nos spectres s'explique aisément : Tous les états émetteurs (Si I) qui sont représentés dans le diagramme d'énergie et notés de *a* à *i* peuvent libérer leur électrons au semi-conducteur (Si) et non pas à l'oxyde (SiO_2). En présence de l'oxyde, ces états excités se désexcitent par émission de photons provoquant ainsi l'exaltation du signal lumineux. Par ailleurs, la comparaison de intensités des raies spectrales lors du bombardement ionique de Si en présence de l'oxygène et de SiO_2 montre une variation du signal. En effet, les intensités absolues enregistrées dans le cas de Si en présence de l'oxygène sont plus importantes que ceux observées lors du bombardement d'une cible de SiO_2. Cette variation peut atteindre un facteur 2. Ceci est probablement dû à la dissociation radiative des molécules de Si-O. Ces molécules sont formées par adsorption de l'oxygène sur la surface de Si et sont éjectées, sous l'effet du bombardement, à une distance loin de la surface pour échapper au processus non radiatif entraîné par l'interaction avec la surface. Cette dissociation donne naissance à des atomes Si excités qui se désexcitent par émission de photons. On suggère, par conséquent, la formation d'un sub-oxyde sur le silicium ($SiO_{x<2}$). L'oxygène étant un élément électronégatif tend à chimisorber les ions O^{2-} dans la cible de silicium [47]. Le début de l'oxydation commence après que la surface soit complètement couverte d'oxygène chimisorbé qui coexiste par la suite avec la phase d'oxyde de SiO sur la surface de silicium.

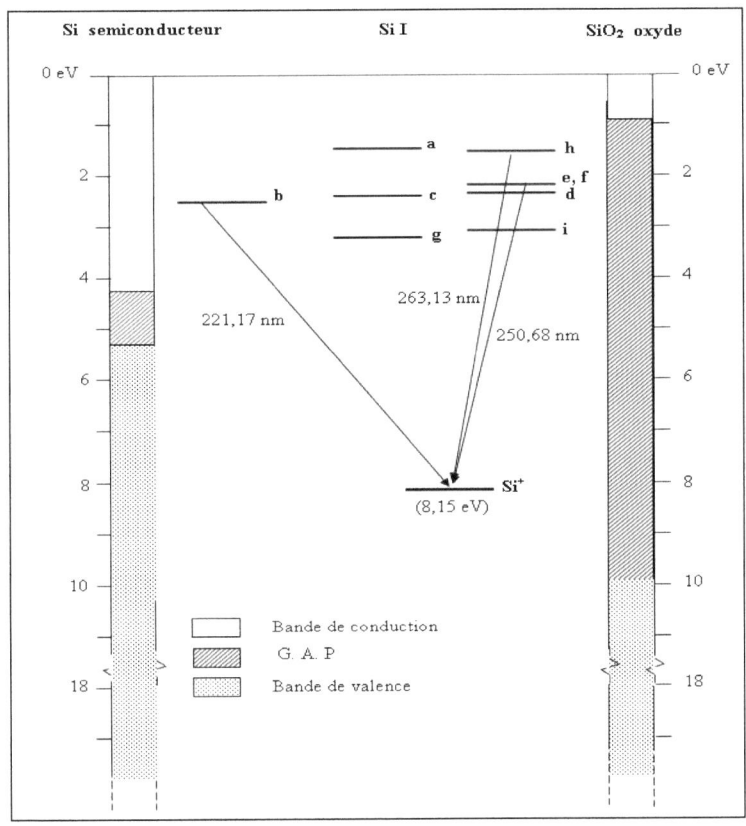

Figure III-14 : Diagramme des niveaux d'énergie du semi-conducteur Si et de l'oxyde SiO$_2$ des atomes excités Si*.

VI- Emissions optiques observées lors du bombardement d'échantillons de vanadium et d'oxyde de vanadium

Dans cette partie, nous présenterons et discuterons les résultats obtenus lors des expériences sur les échantillons de vanadium (99,9 % de pureté) en absence et en présence de l'oxygène et sur l'oxyde de vanadium (poudre de 99,5 % de pureté). Les résultats obtenus sont interprétés dans le cadre du modèle de transfert d'électrons entre la surface et la particule éjectée. Le vanadium est un métal de couleur grisâtre qui est mou et ductile. Il possède une bonne force structurelle ainsi qu'une faible section efficace d'interaction avec les neutrons de fission, ce qui le rend utile dans les applications nucléaires. Les états d'oxydation communs du vanadium sont +2, +3, +4 et +5. Environ 80% du vanadium produit est utilisé dans le ferrovanadium et comme additif dans l'acier. Il est aussi utilisé dans certain alliage d'acier inoxydable comme par exemple pour l'acier chirurgical. Le mélange de ce métal avec l'aluminium et avec le titane est utilisé dans la fabrication des moteurs d'avions. L'oxyde de vanadium est utilisé dans les céramiques et comme catalyseur.

VI- 1 Conditions expérimentales

Les cibles de vanadium d'un degré de pureté supérieur à 99,9% (en absence et en présence de l'oxygène) et de l'oxyde de vanadium sont bombardées par des ions Kr^+ de 5 keV durant environ 50 min. Il faut signaler que l'oxyde de vanadium utilisé dans ce travail est sous forme d'une poudre de pureté 99,5% que nous avons compacté en forme de pastille de 5 mm de diamètre (voir chapitre II § II- 2). L'angle d'incidence étant de 70° par rapport à la normale à la surface de la cible. Le domaine de longueur d'onde exploré est de 250-500 nm. La pression résiduelle dans l'enceinte renfermant les échantillons est de 10^{-6} torr en absence d'oxygène et de 10^{-5} torr. La densité de courant ionique est typiquement de 1,2-1,3 µA/mm² pour le cas du vanadium et de 1 µA/mm² pour le cas de l'oxyde de vanadium. La section du faisceau est estimée à 1,6 mm² ce qui donne une densité de courant $j = 2,23\text{-}2,46.10^{18}$ ions cm^{-2}.s^{-1} et une fluence de $1,97.10^{24}$ ions Kr^+/cm² pour le cas du vanadium en absence d'oxygène et une densité de courant $j = 2.10^{18}$ ions cm^{-2}.s^{-1} et une fluence de $1,89.10^{24}$ ions Kr^+/cm² pour le cas du vanadium en présence d'oxygène.

VI- 2 Résultats et discussion des émissions optiques de V et V_2O_5

Les figures III-15 a, b et c montrent respectivement les spectres de luminescence du vanadium, vanadium en présence d'oxygène et oxyde de vanadium. Ces spectres comportent une multitude des raies discrètes superposées à un continuum situé entre 275 et 375 nm. Ces raies sont directement identifiées à des raies d'émissions optiques des atomes neutres V I et à des ions simplement chargés V II. Par ailleurs, Nous nous sommes limités uniquement au dépouillement des raies dont l'intensité est supérieure à 3% de celle de la raie la plus intense, cette dernière est pour les trois spectres situés à la même longueur d'onde soit λ = 318,34. Le tableau III-14 donne les longueurs d'ondes des raies sélectionnées, leurs intensités, les transitions mises en jeu ainsi que les positions énergétiques (en eV) des états électroniques supérieures et inférieures impliqué dans la transition en question.

a) Emission de radiation discrète

La comparaison des spectres obtenus montre que les intensités des raies atomiques V I des neutres et V II des ions sont renforcées en intensité en présence de l'oxygène (voir tableau III-15). Ce renforcement est beaucoup plus important pour les raies ioniques V II que pour les raies atomiques V I. Il peut atteindre un facteur 5 pour la raie VI 327.30 et un facteur 11 pour le cas de la raie VII 310.40. Il faut signaler aussi que l'ordre de grandeur des intensités de raies enregistrées dans le cas du bombardement du vanadium en présence de l'oxygène avoisine celles enregistrées dans le cas du bombardement de l'oxyde de vanadium.

Sur la figure III-16, nous avons présenté un schéma de diagramme des niveaux d'énergie du métal V, de l'oxyde V_2O_5 et des niveaux émetteurs associés aux différentes raies observées. Une fois aussi, nous avons interprété les résultats obtenus par le modèle de transfert d'électrons entre la surface et la particule éjectée du solide.

Le métal V est caractérisé par son travail de sortie : Φ = 4,3 eV. L'oxyde de vanadium, étant un semi-conducteur, est caractérisé par son travail de sortie Φ = 5,4 eV [48] et par la largeur du gap E_g. Dans la littérature, E_g peut avoir plusieurs valeurs généralement comprises entre 2,2 eV [49-50] et 2,3 eV [51]. Enfin les états émetteurs des raies V I et V II sont repérés par les valeurs de E_V est définies par $E^* - I^{n+}$ où E^* est l'énergie de l'état émetteur et I^{n+} le potentiel d'ionisation simple (n=1) ou double (n=2). E_V est représenté respectivement par les potentiels d'ionisation de V^+ (6,74 eV) et V^{++} (14,65 eV).

Le comportement des raies observées s'explique convenablement dans le cadre du modèle d'échange d'électron. Repéré par E_v, les états émetteurs des raies V I sont notés de **a** à **q**, ceux des raies V II par $\alpha, \beta, \delta, \chi$. Ainsi les états émetteurs des raies V I sont situés à la fois en face de la bande du travail de sortie ($-\Phi_V < E_V < 0$) du métal et du gap de l'oxyde ($E_V < -\Phi_{V_2O_5}$) peuvent céder leur électron au métal et non à l'oxyde. En présence de l'oxyde, la désactivation de ces états excités s'effectue donc par émission de photons et le signal lumineux est renforcé ; c'est ce que nous observons pour tous les états émetteurs notés de **a** à **q**.

Or, les données de la structure de bande de l'oxyde de vanadium établie dans la littérature ne rendent pas compte du comportement des intensités des raies dont les états sont notés **b**, **c**, **d**, **e**, **f**, **g**, **m** et **n**. Par contre si l'on considère que l'affinité électronique est inférieur à 1,87 eV associé à la raie V I 411,30 nm (état noté **m**) d'une énergie $|E_V|$ = 1,87 eV, et qui manifeste une dépendance positive, le comportement des raies est explicable si on applique le modèle de transfert de charge. Par conséquent, et en tenant compte de la dépendance positive de la totalité des raies ioniques V I, la valeur de la bande interdite E_g doit être à 2,27 eV se qui est en bon accord avec les valeurs de E_g données dans la littérature.

Par ailleurs, le modèle n'explique pas le comportement des intensités des raies simplement chargées V II qui selon le modèle, doivent manifester une dépendance nulle. Les états émetteurs correspondants, noté de α à δ sont situés en face des états occupés des bandes du métal et de l'oxyde. L'application du modèle prévoit donc une diminution des intensités des raies ioniques car les états ionisés correspondantes peuvent être peuplée par le métal et non par l'oxyde et son peuplement s'effectue par capture d'un électron du métal par un état excité de l'ions V^{++} situé au voisinage de la surface ; ce qui n'est pas le cas pour ces états. Il semble que d'autres mécanismes sont responsables pour la formation des espèces ioniques excités.

λ observée (nm)	λ Littérature (nm)	I_r (unit. arb.) %			Transition	Energie des niveaux (eV)	
		V (P=10^{-6} torr)	V_2O_5 (P=10^{-6} torr)	V + O_2 (P=10^{-5} torr)		Supérieur	Inférieur
292.60 VII	292.46	12	24	24	$3d^3 4s\ ^5F_4 - 3d^3 4p\ ^5G_4$	3,20	0,26
297.90 VI	297.75	6	6	6	$3d^4 4p\ ^2G^0_{7/2} - 3d3\ 4s^2\ ^2G_{7/2}$	2,94	0,05
306.80 VI	306.63	17	20	18	$3d^3 4s\ 4p\ ^4F^0_{3/2} - 3d^3\ 4s^2\ ^4F_{3/2}$	4,11	0,07
308.30 VI	308.21	12	46	40	$3d^3 4s\ 4p\ ^4H^0_{7/2} - 3d^3\ 4s^2\ ^4F^0_{9/2}$	4,09	0,07
310.40 VII	310.23	7	31	27	$3d^3 4s\ ^5F_4 - 3d^3 4p\ ^5G_5$	3,03	0,26
311.30 VII	311.07	5	22	21	$3d^3 4s\ ^5F_4 - 3d^3 4p\ ^5G_4$	3,01	0,24
318.40 VI	318.34	100	100	100	$3d^3 4s^2\ ^4F_{1/2} - 3d^3 4s\ 4p\ ^4G^0_{1/2}$	3,93	0,04
327.30 VI	327.16	11	22	23	$3d^3 4s\ 4p\ ^2G^0_{7/2} - 3d^3\ 4s^2\ ^2G_{7/2}$	3,81	0,02
355.80 VII	355.68	3	5	5	$3d^4 4p\ ^4P^0_{1/2} - 3d^4 4s\ ^4D_{1/2}$	3,21	0,78
370.60 VI	370.47	41	28	30	$3d^3 4s\ 4d\ ^6H_{5/2} - 3d^3\ 4s\ 4p\ ^6G^0_{3/2}$	3,63	0,29
379.70 VI	379.49	27	20	22	$3d^4 4p\ ^2G^0_{7/2} - 3d^3\ 4s^2\ ^2G_{7/2}$	3,57	0,30
384.30 VI	384.07	40	32	37	$3d^4 4p\ ^2F^0_{5/2} - 3d^3\ 4s^2\ ^2D_{5/2}$	3,27	0,04
385.70 VI	385.53	57	41	48	$3d^4 4p\ ^4D^0_{7/2} - 3d^3\ 4s^2\ ^4F_{9/2}$	3,21	0,00
390.40 VI	390.22	39	28	33	$3d^4 4p\ ^4F^0_{9/2} - 3d^3\ 4s^2\ ^4F_{9/2}$	3,24	0,07
393.35 VI	393.51	8	9	10	$3d^3 4s^2\ ^4G_{7/2} - 3d^4 4p\ ^2G^0_{7/2}$	3,47	1,28
411.30 VI	411.17	46	34	36	$3d^4 4p\ ^6D^0_{9/2} - 3d^4 4s\ ^6D_{9/2}$	3,31	0,30
422.62 VI	422.96	9	8	9	$3d^3 4s^2\ ^2P_{3/2} - 3d^4 4p\ ^2D_{3/2}$	4,87	1,94
427.10 VI	426.97	24	15	17	$3d^4 4p\ ^2F^0_{7/2} - 3d^3\ 4s^2\ ^2G_{7/2}$	4,75	1,85
438.10 VI	437.92	47	31	32	$3d^4 4p\ ^6F^0_{11/2} - 3d^4 4s\ ^6D_{9/2}$	3,13	0,30
438.70 VI	438.47	51	32	37	$3d^4 4p\ ^6F^0_{9/2} - 3d^4 4s\ ^6D_{7/2}$	3,11	0,29
487.80 VI	488.05	52	27	32	$3d^3 4s4p\ ^4D^0_{1/2} - 3d^3\ 4s^2\ ^4F_{3/2}$	2,60	1,19

Tableau III-14 : Raies d'émission observées lors du bombardement des échantillons de vanadium en absence et en présence de l'oxygène et de l'oxyde de vanadium.

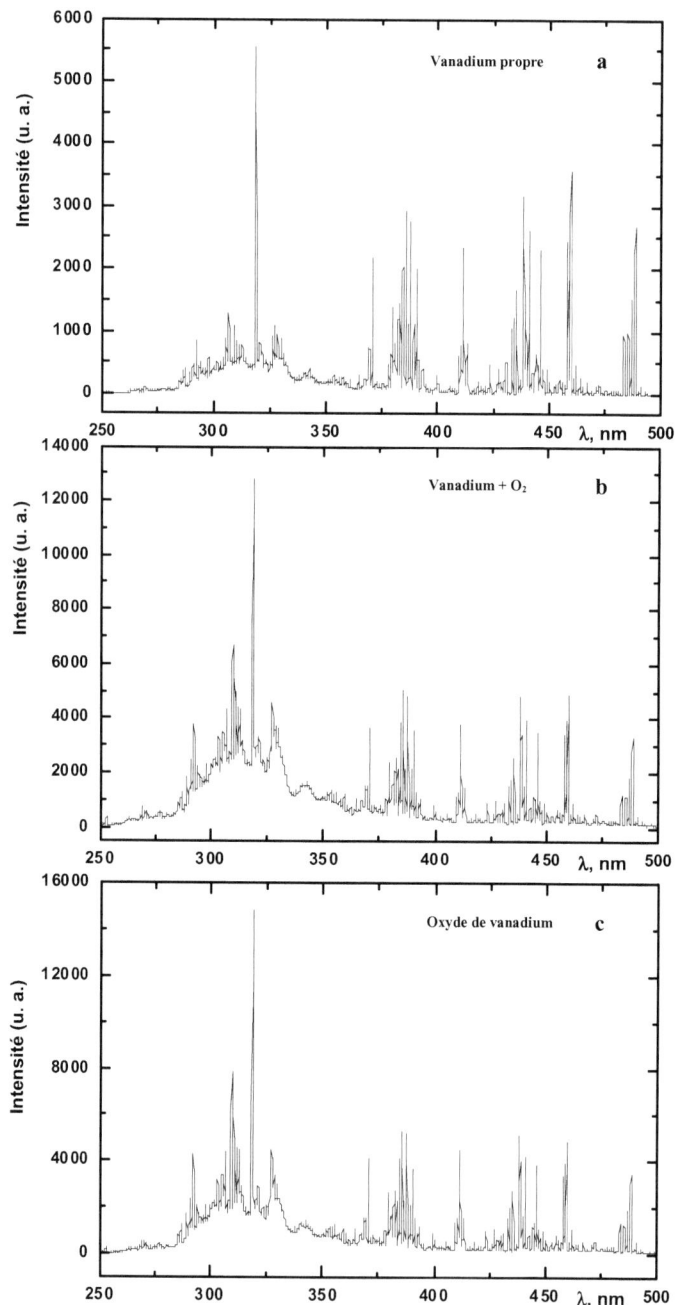

Figure III-15 : Spectres mesurés lors du bombardement des échantillons de :
a) vanadium propre, b) vanadium en présence d'oxygène, c) oxyde de vanadium.

$\lambda_{observée}$ en nm	Intensité (unit. arb.)			Dépendance	Ev (eV)	Validité du modèle
	V propre	V_2O_5	$V + O_2$			
292.60 VII	610	3200	2540	+	11,45 (α)	Non
297.90 VI	320	790	680	+	3,80 (a)	Oui
306.80 VI	860	2570	1920	+	2,63 (b)	Oui
308.30 VI	600	5960	4200	+	2,65 (c)	Non
310.40 VII	350	4020	2890	+	11,62 (β)	Non
311.30 VII	260	2850	2230	+	11,64 (χ)	Oui
318.40 VI	5100	13080	10540	+	2,81 (d)	Oui
327.30 VI	550	2820	2470	+	2,93 (e)	Oui
355.80 VII	160	640	490	+	11,44 (δ)	Non
370.60 VI	2070	3680	3120	+	3,11 (f)	Oui
379.70 VI	1400	2680	2360	+	3,17 (g)	Oui
384.30 VI	2060	4170	3870	+	3,47 (h)	Oui
385.70 VI	2910	5320	5010	+	3,53 (i)	Oui
390.40 VI	2010	3640	3530	+	3,50 (j)	Oui
393.35 VI	410	1200	1040	+	3,27 (k)	Oui
422.62 VI	140	380	320	+	3,43 (l)	Oui
411.30 VI	2330	4450	3790	+	1,87 (m)	Oui
427.10 VI	400	1090	940	+	1,99 (n)	Oui
438.10 VI	3170	5100	4770	+	3,61 (o)	Oui
438.70 VI	2380	4060	3380	+	3,63 (p)	Oui
487.80 VI	1730	2420	2390	+	4,14 (q)	Oui

Tableau III-15 : Dépendance des raies V I et V II lors du bombardement du vanadium en présence et en absence d'oxygène et lors du bombardement de l'oxyde de vanadium.

+ : Augmentation de l'intensité en présence de l'oxygène.

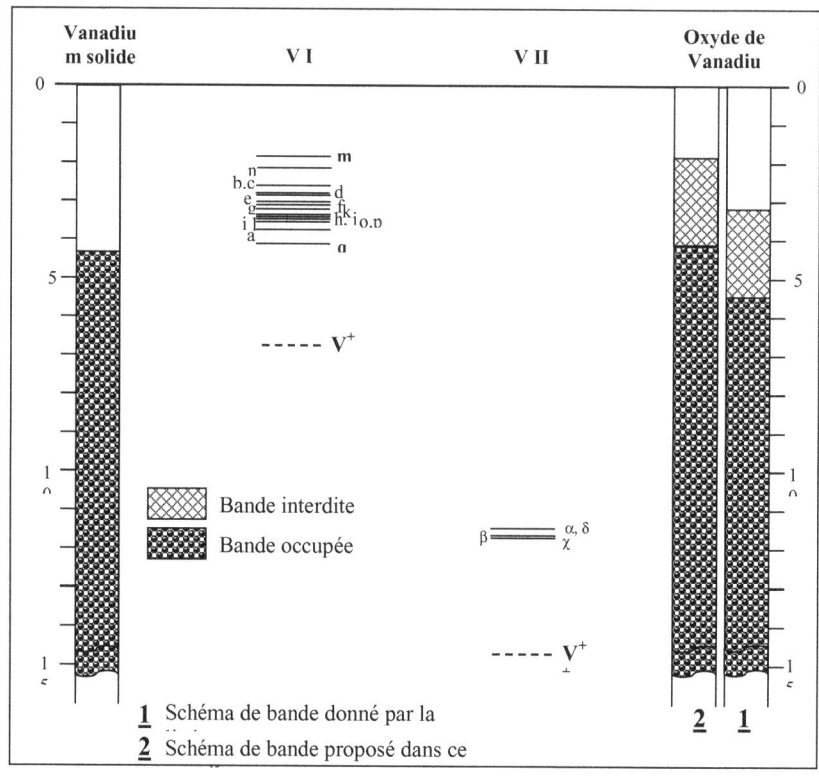

Figure III-16 : Diagramme des niveaux d'énergie du métal V, du solide V_2O_5, des atomes excités V^* et des ions excités V^{+*}.

b) Emission de radiation continue

En plus des raies spectrales, le bombardement ionique de certaines cibles donne lieu à des radiations continues. Il existe deux types de continuum. Le premier type est le continuum émis par le solide lui-même (ionoluminescence). Ce type dépend à la fois de la composition de la surface de la cible bombardée et aussi de la nature, l'énergie et l'angle d'incidence du projectile. I. S. Sharodi et al. [52] ont observé un continuum lors du bombardement d'une cible de béryllium par des ions He^+ de 15 keV et son origine est interprété par le résultat de la recombinaison électron-trou. Le deuxième type est le continuum émis par des particules en dehors de la cible. Les sources proposées pour ce type de continuum sont les molécules d'oxyde excitées MO^*, les espèces métalliques polyatomiques, le bremsstrahlung et les espèces moléculaires implantées ou adsorbées (He_2, Ne_2, Al H, ...)

Dans nos expériences (fig. III- 17), on observe un continuum entre 237 et 375 nm est centré à 310 nm. Ce continuum subi aussi un renforcement quand le vanadium est bombardé en présence de l'oxygène et quand on bombarde l'oxyde de vanadium. Ce renforcement peut atteindre un facteur 5. L'origine du continuum n'est ni un phénomène atomique ni moléculaire. Il s'agit d'émissions de particules pulvérisées de molécules de metal-oxyde. La probabilité de former une telle molécule est estimée à 1/10 des oxygènes pulvérisés. Le cas des métaux de transition est différent des continua vus dans le béryllium par exemple. Pour le beryllium l'émission vient de la surface, pour le vanadium l'émission se fait à des distances millimétriques de la surface.

On suppose que son origine provient des excitations collectives des sous couche d des atomes pulvérisés du métal. D'autres expériences doivent être menées pour élucider le (ou les) mécanismes responsables de l'émission de radiations continues.

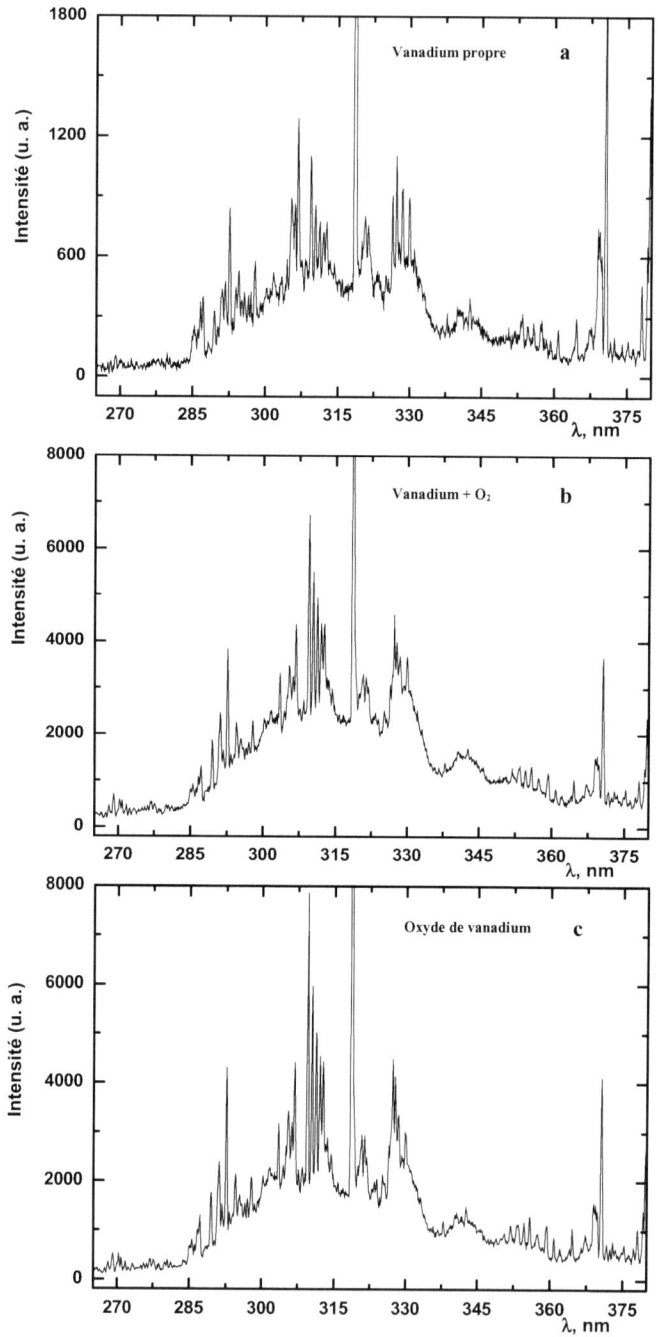

Figure III-17 : Spectres d'émission montrant la zone du continuum d'échantillons de : a) vanadium propre, b) vanadium en présence d'oxygène, c) oxyde de vanadium.

Conclusion

Le spectromètre ASSO a mis en évidence l'émission de radiations électromagnétiques lors du bombardement, par des ions Kr^+ de 5 keV et sous un angle d'incidence de 60°, des échantillons d'aluminium propre, d'aluminium couvert d'oxygène, de silicium propre, et de silicium couvert d'oxygène. Il en est de même pour des échantillons d'alumine et de silice bombardée dans les mêmes conditions expérimentales. Ces radiations optiques se présentent, sous forme de raies discrètes attribuées à des transitions électroniques caractéristiques de l'aluminium ou de silicium. Nos résultats montrent aussi que la présence de l'oxygène pendant le bombardement des cibles étudiées provoque l'augmentation des intensités des raies associées aux atomes neutres (Al I) et (Si I). Cependant, certaines raies ioniques (Al II et Al III) voient leur intensité diminuer alors que d'autres restent insensibles à la présence de ce gaz.

Le modèle d'échange d'électrons ne rend pas compte de la totalité de nos observations expérimentales mais il y a de forte présomption qu'en présence de l'oxygène, une structure se forme au niveau de la surface et qui présente un schéma de bandes d'énergie intermédiaire entre celui du métal et/ou semi-conducteur et celui de l'oxyde correspondant.

Nos recherches se poursuivent pour examiner cette structure intermédiaire et pour élucider le comportement avec l'oxygène de raies ioniques d'éléments autres que l'aluminium et le silicium.

Référence :

[1] N.D. Mermin et N.W. Ashcroft, Physique des solides, EDP (2003).
[2] C. Kittel, Physique de l'Etat Solide, Dunod Université (7ème édition) (1998).
[3] H. D. Hagstrum, Phys. Rev., 123, (1961) 758.
[4] L. J. Varnerin, Phys. Rev., 91, (1953) 859.
[5] G. E. Thomas, Progress in Surf. Scie., 10 (1979) 381.
[6] P. J. Martin, A. R. Bably, R. J. McDonald, N. H. Tolk, G. J. Clark et J. C. kelly, Surf. Scie., 60 (1976) 349.
[7] W. F. van der Wag et P. K. Rol, Nucl. Instr. and Meth, 38 (1966) 274.
[8] W. F. van der Wag et D. J. Bierma, Physica, 44 (1969) 206.
[9] C. W. White et N. H. Tolk, Phys. Rev. Letters, 26 (1971) 486.
[10] I. Terzic et B; Perovic, Surf. Scie., 21 (1970) 86.
[11] A. Kaddouri, Spectroscopie d'émission des produits de pulvérisation de solides soumis à un bombardement ionique, Thèse, Université Paris-sud Orsay, (1989) 92.
[12] R. V. Stuart, G. K. Wehner, J. of App. Phys. 35, (1964) 1819.
[13] Y. Yamamura, H. Tawara, Atomic data and nuclear data tables 62, (1996) 149-253 et références citées.
[14] B. Bellaoui, Bombardement ionique de solides : analyse des produits de pulvérisation par spectroscopie optique, Thèse, Université Paris-sud Orsay, (1996).
[15] O. Varenne, Analyse des produits de pulvérisation de métaux et d'oxydes par spectroscopie optique, Thèse, Université Paris-sud Orsay, (2000).
[16] www.alphagaz.airliquide.com
[17] J. J. Jimenez-Rodriguez, D. S. Karupuzov, D. G. Armour, Surf. Sci. 136 (1984) 155..
[18] B. J. Ziegler, J. P. Biersack and U. Littmark, Pergamon Press, New York, (2003)
[19] G. Betz, Nucl. Instr. and Meth. B27 (1987) 104.
[20] R. Kelly, C. B. Kerkdijk, Surface Sci. 46 (1974) 537.
[21] M. Braun, Physica Scripta 19 (1979) 33.
[22] N. A. Yusuf, I.S.T. Tsong, Surafce Sci. 108 (1981) 578.
[23] S. Reinke, R. Hippler, Nucl. Instr. and Meth. B67 (1992) 413.
[24] S. Reinke, R. Hippler, Nucl. Instr. and Meth. B67 (1992) 620.
[25] S. Tsurubuchi, T. Nimura, Surface Sci. 513 (202) 141.
[26] C. S. Lee, Z. M. Lin, Z. M. Yen, C. H. Lin, Nucl. Instr. and Meth. B190 (2002) 141.
[27] A. Qayyum, M. N. Akhtar, T. Riffat, Radiation Phys. Chem. 72 (2005) 663.
[28] A . R. Strigonov et N. S. Sventitskii, '' Table of spectral lines of neutral and ionized atoms '' IFI / Plenum Data corporation. (1968).

[29] V. Kaufman and W. C. Martin, J. Phys. Chem. Ref. Data 20, (1991) 775.

[30] J.-F. Hennequin, C. R. Acad. Sc., (Paris) 264B (1967) 1127.

[31] C.B. Kerkdijk et R. Kelly, Rad. Effets, 38 (1978) 807.

[32] P.G. Fournier, J. Fournier et B. Bellaoui, Nucl. Instr. and Meth. B67 (1992) 604.

[33] S. Reinke, D. Rahmann et R Hippler, Vacuum, 42 (1991) 807.

[34] D. Ghose, R.S. Bhattacharya, Phys. Lett., A 227 (1997) 133.

[35] S.F. Belykh, I.V. Redina, V.Kh. Ferleer, Nucl. Instr. and Meth. B59/60, (1991) 65.

[36] "Secondary Ion Mass spectrometry SIMS V", Ed. A. Benninghoven, R.J. Colton, D.S. Simons and H.V. Werner, (Springer, Berlin (1985).

[37] H.B. Michaelson, J. Appl. Phys., 48 (1977) 4729.

[38] W. Pong, J. Appl. Phys., 40 (1969) 1733.

[39] E. Loh, Solid State commun, 2 (1964) 269.

[40] K. Berrada, Etude des matériaux par spectroscopies d'émission optique et vibrationnelle : application aux alliages Al-Mg, Cu-Ni et composite silicium poreux-polymère, Habilitation, Université Cadi ayyad, Marrakech (2004).

[41] S. R. Bhattacharyya, U. Brinkmann, R. Hippler, Appl. Surf. Sci. 150 (1999) 107-114.

[42] L. J. Radziemski, Jr. and K. L. Andrew, J. Opt. Soc. Am. 55, 474 (1965).

[43] S. M. Sec, Physics of Semiconductor Devices, Wiley Interscience p. 397

[44] S. R. Bhattacharyya, U. Brinkmann, R. Hippler et G. Schiwitz, Ind. J. Phys., 735 (1999) 204-208.

[45] D. Ghose, R.S. Bhattacharya, Phys. Lett., A 227 (1997) 133.

[46] D. Ghose, U. Brinkmann, R. Hippler, Surf. Sci., 327 (1995) 53.

[47] N.R. Mathews, P.J. Sebastian., X. Mathew, V. Agarwal, Inter. J. of Hydr. Ener., 28 (2003)

[48] X. L. Zhu, J. X. Sun, H. J. Peng, Z. G. Meng, M. Wong, H. S. Kwok, Appl. Phys. Lett., 87 (2005) 153508.

[49] M. Benmoussa, E. Ibnouelghazi, A. Bennouna, E.L. Ameziane, Thin Solid Films, 265 (1995) 22.

[50] M. Green, K. Pita, J. of App. Phys., 81(1997) 3592-3600.

[51] C. V. Ramana, O. M. Hussain, B. S. Naidu, C. Julien, M. Balkanski, Mater. Sci. Eng. B, 52 (1998) 32.

[52] I. S. Sharodi , Yu. A. Bandurin, S. S. Pop, Nucl. Instr. and Meth. in Phys. Res. B, 193 (2002) 699–704

Chapitre IV
Etude des distributions angulaires

Introduction

Dès que l'énergie cinétique d'une particule lourde, atome ou ion, excède l'énergie de cohésion d'un solide, elle est capable de provoquer des déplacements atomiques et d'initier des cascades de collision [1]. L'une des conséquences de ces cascades est l'éjection dans le vide d'atomes initialement localisés dans les toutes premières couches atomiques du solide. Cette éjection d'atomes constitue le phénomène de pulvérisation dont l'ordre de grandeur est le suivant [2] : le nombre moyen d'atomes éjectés dans le vide par un ion de masse moyenne (type Ar^+) et de quelques keV d'énergie, est de l'ordre de l'unité. L'importance de ce phénomène est telle qu'il est facile d'éroder des surfaces à des vitesses de plusieurs couches atomiques à la seconde.

L'analyse et l'étude des distributions angulaires des produits de pulvérisation furent à l'origine de très nombreuses publications [3-9]. L'analyse et la compréhension de ces phénomènes d'éjection des particules restent jusqu'à nos jours, un vaste domaine d'investigation.

Jusqu'à présent, plusieurs techniques ont été adoptées pour la détermination de la distribution angulaire. En effet, Winograd et al. [10] ont réalisé un dispositif destiné à mesurer des distributions des particules neutres résolues en angle et en énergie (EARN, energy and angle resolved neutral particle). En outre, d'autres techniques plus originales et simples à utiliser ont été préconisés pour la mesure des distributions angulaires ; elles consistent, en particulier, à collecter les produits de pulvérisation sur un support en verre, plastique ou métal et ensuite de procéder à la détermination de l'épaisseur de la densité du dépôt formé sur le substrat. Néanmoins, cette méthode présente des limitations du fait que le coefficient de collage varie en fonction de plusieurs paramètres à savoir l'énergie du projectile, l'angle d'attaque et le nombre de couches atomiques déposées sur le substrat. En effet, Weller et al. [11] ont estimé les probabilités de collage du niobium et du rhénium sur l'alumine pour les toutes premières couches respectivement à 0,97 et 0,95.

De nouvelles techniques plus élaborées sont utilisées récemment pour l'étude des distributions angulaires. Citons, la rétro-diffusion Rutherford [12], l'analyse par rayons X induits par particules chargées (PIXE, particle induced X-ray emission) [13], la micro-analyse X [14], la spectroscopie Auger...[15]

Bates et al. [16] ont mis au point une technique originale baptisée MIS (matrix isolation spectroscopy). Afin de les isoler les uns des autres, les atomes arrachés de la cible par le faisceau s'implantant dans une matrice de gaz rare condensée sur un substrat refroidi.

L'estimation du nombre de particules collectées repose sur l'exploitation du spectre d'absorption des atomes, et présuppose une connaissance parfaite des sections efficaces d'absorption.

Autre technique, utilisée dans le laboratoire de Spectroscopie de Translation et des Interactions Moléculaires (STIM); elle consiste à recueillir sur une feuille de Mylar les produits de pulvérisation lors du bombardement ionique des cibles étudiées. Le substrat est fixé à la paroi interne de l'enceinte échantillons. La forme de la distribution angulaire est donnée par l'analyse des produits de pulvérisation déposés sur la feuille de Mylar en utilisant la méthode d'analyse ICP-OES (Emission Atomique à Source Plasma Couplé par Induction) et la technique du microdensitométrie pour la détermination de l'épaisseur des couches déposées sur le substrat en Mylar. En effet, O.Varenne [17] a déduit l'épaisseur des couches déposées à partir des mesures du pouvoir d'absorption lumineuse du dépôt en utilisant la loi d'absorption exponentielle de Beer-Lambert. L'ensemble des résultats a montré que la forme des distributions et le taux de pulvérisation dépendent fortement de l'énergie des ions incidents et des angles d'incidences.

La méthode utilisée dans ce travail pour l'analyse des distributions angulaire repose sur le même principe préétabli dans le laboratoire STIM. On procède dans un premier temps par recueillir des particules pulvérisées, et ce, lors du bombardement de cibles polycristallines à différents angles d'incidence par des ions Kr^+ de 5 keV sur un support cylindrique transparent (feuille de Mylar) [18-20]. On en déduit, dans un deuxième temps, l'épaisseur des couches ainsi que le nombre de particules déposées en utilisant la méthode d'analyse ICP-OES. Cette technique peut, en outre, nous donner des informations sur les rendements partiels et totaux de pulvérisation.

I- Principe de l'expérience

Le dispositif de pulvérisation utilisé dans cette étude est détaillé dans le chapitre appareillage ; il est utilisé aussi pour les études des émissions optiques [21-23]. Durant nos expériences, nous étions amené à modifier la méthode d'analyse (ESSO) afin de répondre à nos besoins en terme d'amélioration des résultats obtenus, plus précisément dans le cas des études des distributions angulaire. Un échantillon de béryllium est placé au centre d'un support cylindrique à l'intérieur de l'enceinte-échantillons orientable (voir Fig.IV-1). La section du faisceau ionique est estimée à 1,25 mm², ce qui implique que la zone d'impact est une ellipse de petit axe 1,3 mm et de grand axe 3,7 mm. Par ailleurs, la pression résiduelle dans l'enceinte avant l'établissement du faisceau d'ions est inférieure à $0,5 \times 10^{-8}$ torr. Lors de l'impact du faisceau ionique sur une cible, cette pression passe à 10^{-8} torr. Cette augmentation de pression s'explique par la présence du flux d'ions incident Kr^+ et aux particules pulvérisés issues de l'impact du faisceau ionique avec les parois du diaphragme situé juste avant l'enceinte-échantillons. Ces dernières particules ne sont pas collectées sur la feuille de Mylar et elles contribuent fortement à la variation de la pression résiduelle. La durée du bombardement, l'intensité et l'énergie du courant d'ions et l'angle d'attaque sont autant de paramètres que nous sommes libres de modifier. Les produits de pulvérisation sont ainsi collectés par la suite sur le substrat en Mylar d'épaisseur 125 µm. Ce dernier est fixé à l'aide d'une circlips à l'intérieur d'un support cylindrique spécialement conçu à cette fin et qui est introduit dans l'enceinte échantillon. Trois ouvertures de diamètre 1,5 mm ont été faites à la fois dans la feuille de Mylar et dans le support cylindrique, une pour le passage du faisceau d'ions, la deuxième pour analyser les émissions optiques et la troisième pour mesurer le courant ionique par l'intermédiaire d'une cage de Faraday.

Ce cylindre est de rayon **R** dont l'axe passe par le point d'impact. θ est l'angle d'attaque par rapport à la normale à la surface de l'échantillon cible. α est l'angle entre la normale de l'échantillon et le vecteur vitesse de la particule éjectée. Un point de coordonnées **(x,y)** de cette feuille est ainsi vu du point d'impact sous un angle λ par rapport au plan d'incidence (voir Fig. IV-1) :

$$\lambda = \arctan(y / R) \qquad (1)$$

et un angle μ par rapport à la normale dans le plan d'incidence:

$$\mu = x / R \qquad (2)$$

Le rayon **R** est égal à 21,8 mm pour les expériences entreprises à des angles θ de 0° et 30°. Pour l'angle θ =70°, le rayon du cylindre utilisé est de 50 mm afin d'obtenir un maximum de produit de pulvérisation.

En coordonnées sphériques (α, φ), nous pouvons écrire :

$$\cos \alpha = \cos \mu \cos \lambda \qquad (3)$$

$$\tan \varphi \sin \mu = \tan \lambda \qquad (4)$$

La normale à la surface est définie par

$$\mu = \lambda = \alpha = 0 \qquad (5)$$

Le plan d'incidence est défini par

$$\lambda = 0, \varphi = 0 \text{ (vers l'avant), ou } \varphi = \pi \text{ (vers l'arrière)} \qquad (6)$$

L'élément de l'angle solide est donné par :

$$d\Omega = \cos^3 \lambda \frac{dS}{R^2} \qquad (7)$$

dS étant l'élément de surface de la feuille de Mylar.

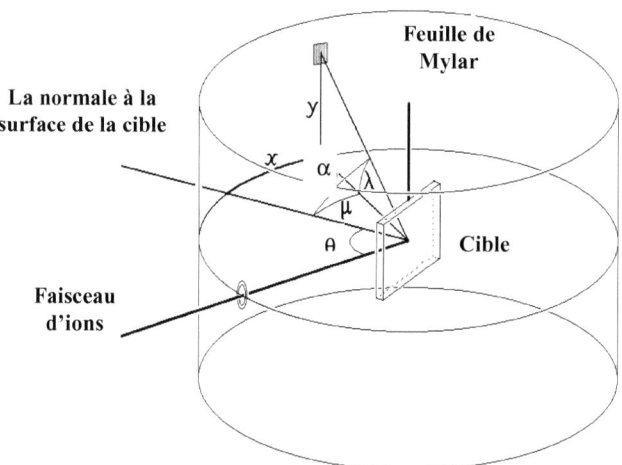

Figure IV-1 : Schéma du montage expérimental utilisé pour
collecter les particules issues de la pulvérisation.

La méthode de la détermination des distributions angulaires utilisée dans ce travail consiste à découper soigneusement et proprement (afin d'éviter toute contamination) la feuille de mylar en petits morceaux avec des dimensions bien précises. La découpe des petits carrés est entreprise le long de l'axe X et de l'axe Y afin d'obtenir les distributions angulaires horizontales et verticales sur le collecteur utilisé. Chaque morceau de Mylar est placé dans un flacon puis attaqué par une solution de 2 cm^3 d'acide chlorhydrique 2N et de 2 cm^3 d'acide nitrique. Ce traitement nous permet de dissoudre la totalité du béryllium déposé sur la feuille de Mylar après un temps de bombardement bien précis. La solution obtenue est ensuite analysée par ICP-OES. L'avantage de cette méthode d'analyse est sa sensibilité puisqu'elle permet d'analyser le béryllium à des concentrations inférieures à 2 ppb.

En plus, cette méthode d'analyse permet une analyse multi-élémentaire très utile pour la pulvérisation d'alliages. Avec des seuils de détection compris globalement entre le dixième de µg/l et la dizaine de µg/l qui correspondent pour nos expériences à des dépôts de l'ordre de la monocouche à la centaine de monocouches, elle identifie quasi-simultanément une trentaine d'éléments comme : Ag, Al, Ba, Be, Bi, Ca, Cd, Co, Cr, Cu, Fe, Li, Mg, Mn, Mo, Ni, Pb, Sc, Si, Sn, Ti, V, Y, Zn, Zr.

Cette propriété lui confère une autre qualité. On peut mesurer les distributions des différentes cibles, sans pour autant procéder à un changement systématique de la feuille de Mylar. Cette opération représente en effet une perte de temps considérable compte tenu de l'obligation de casser le vide à chaque ouverture de l'enceinte. Grâce à la méthode d'analyse ICP-OES, il suffit donc de bombarder successivement les cibles sélectionnées sur le porte-échantillons. Cela est toujours vrai tant que le coefficient de collage des produits de pulvérisation est égal à l'unité. On accumulera sur le substrat collecteur, une alternance de couches de natures distinctes qui, après analyse selon le protocole précité, révéleront les distributions angulaires de chaque élément.

II- Nature et préparation des échantillons

II-1 Echantillons

L'étude des surfaces nécessite une préparation minutieuse des échantillons avant leur installation dans l'enceinte. L'échantillon de béryllium (99% de pureté) utilisé dans ce travail est polycristallin. Il est usiné sous forme de plaquettes rectangulaires de 11,5 mm x 20 mm x 1,8 mm. Avant chaque manipulation, les cibles à étudier doivent présenter une surface propre et lisse afin de diminuer les risques de contamination. A cette fin, on a adopté un protocole de nettoyage qui permet d'obtenir une surface relativement plane et lisse. Ce protocole consiste en :

- Un nettoyage rapide à l'éthanol dans une cuve à ultra-sons pendant 20 minutes.
- Un polissage mécanique au carbure de silicium sous eau à l'aide de plusieurs papiers abrasifs allant de 400 à 1200.
- Un micro polissage mécanique avec des grains d'alumine de 5 à 0,5 µm.
- Un micro polissage mécanique avec une pâte au diamant.

- Un rinçage à l'eau distillé et à l'acétone suivie d'un nettoyage rapide dans une cuve à ultra-sons qui donne par la suite aux échantillons un aspect final d'un miroir.

Des études par microanalyse nucléaire ont montré que cette préparation induit une concentration superficielle en oxygène ou en carbone qui n'excède pas 10^{16} atomes/cm² pour des matériaux recuits. Par ailleurs, des études menées par Kustner et al. [24] ont montré que la rugosité influe nettement sur le rendement total de pulvérisation. En effet, ils ont montré (voir fig. I- 13 du chapitre I) que le rendement total de pulvérisation varie d'un facteur 2 lors du bombardement d'un échantillon bien poli et un échantillon rugueux de béryllium.

II- 2 Le Mylar, substrat collecteur

Le choix de la nature du substrat de collection doit répondre à plusieurs critères. En premier lieu, le substrat doit permettre une collection efficace des particules incidentes, cette qualité correspond à la probabilité d'adhésion d'une particule donnée sur une surface donnée. En second lieu, le substrat doit être adapté aux techniques utilisées pour des analyses; dans notre étude, cette analyse repose sur l'utilisation, comme il a été mentionné précédemment, de la spectroscopie d'émission optique ICP et la méthode d'analyse ESSO. Le choix de l'utilisation de collecteurs en Mylar permet de répondre à ces deux critères.

Le Mylar, développé par Du Pont de Nemours en 1952, a été le premier film polyester disponible sur le marché. L'équilibre exceptionnel de ses propriétés physiques, chimiques, thermiques, électriques et optiques en fait un matériau adapté à toute une série de fonctions techniques spécifiques depuis celle de support jusqu'au rôle d'isolant électrique, physique ou thermique.

Le Mylar est un matériau solide, avec une bonne stabilité dimensionnelle et un faible taux d'absorption d'eau. Il présente de bonnes propriétés de protection contre les gaz et une bonne résistance chimique, sauf aux alcalins (qui l'hydrolysent). Ce polymère est largement connu sous forme de film orienté et stabilisé thermiquement, appelé plus couramment sous les noms commerciaux Mylar, Melinex ou Hostaphan. Ces films "type-Mylar" sont généralement utilisés pour les condensateurs, les graphiques, les pellicules, les bandes d'enregistrement, etc. Le Mylar est utilisé sous une autre forme (le PET) comme fibres de textile et pour des utilisations industrielles. D'autres applications incluent les bouteilles et les composants électriques.

Le mylar type D possède une transparence élevée permettant d'obtenir des meilleurs résultats pour l'étude des distributions angulaires des produits de pulvérisation. Sa faible perméabilité et sa résistance à la plupart des agents chimiques (notamment l'acide chlorydrique et l'acide nitrique) en font de lui aussi le candidat idéal pour les mesures de concentrations obtenues avec I.C.P.

L'emploi de tel substrat a permis de mettre en évidence la nature des distributions angulaires pour des cibles sous bombardement ionique. En effet, le mylar comme collecteur a été introduit par Fournier et al. [18-20] afin d'étudier les distributions angulaire sur un échantillon de titane pour une incidence normale lors du bombardement par des ions Kr^+ de 5 keV. Ils ont montré que le coefficient de collage de ce substrat est voisin à l'unité.

III- Aspect théorique de la mesure des distributions angulaires (calculs et simulations)

L'analyse et la compréhension des caractéristiques des distributions angulaires des particules pulvérisées issues des solides sous bombardement ionique demeure, jusqu'à nos jours, un large domaine d'investigation tant pour les expérimentateurs que pour des théoriciens [25-28]. Les données précieuses qui proviennent des distributions angulaires sont utilisées à titre d'exemple dans les nouvelles technologies relatives aux techniques de décapage ionique [29]. L'étude de la répartition des particules secondaires dans l'espace a permis de mettre en évidence une différence fondamentale entre l'émission d'ions et celle d'atomes neutres lors d'un bombardement ionique d'un monocristal métallique. En effet, les atomes neutres sont éjectés suivant des directions préférentielles ; celles qui correspondent, en général, aux rangées de forte densité du cristal [30,31] ; alors que l'émission d'ions ne présente pas des maximums suivant ces directions [32].

Il a été supposé que pour des solides polycristallins, le rendement des atomes pulvérisés en fonction de l'angle polaire d'éjection α bombardé par des ions de masse moyenne et d'énergie de quelques keV et proche de la loi cosinus [33] :

$$\frac{dY}{d\Omega(\alpha)} \propto \cos\alpha \qquad (8)$$

où Y est le rendement total de pulvérisation. Cependant, des expériences menées par Nagatomi et al. [34] ont montré que ce rendement total de pulvérisation suit une loi sur-cosinus pour le cas d'une cible de platine bombardée par 3 keV d'Ar^+. Andersen et al. [35] ont trouvé que la pulvérisation suit une loi beaucoup plus en sur-cosinus dans le cas du bombardement de la même cible mais avec 80 keV d'Ar^+. Ce comportement est dû à la haute énergie de sublimation du platine (5,86 eV) [34]. Par ailleurs, d'autres études ont montré que la distribution angulaire suit une loi sous-cosinus surtout dans le cas du bombardement des cibles de faible masse avec des énergies de projectiles très grandes [36,37]. En effet, Andersen et al. [35] et Chini et al. [38] ont trouvé respectivement des valeurs de n=1,3 (1,6) dans le cas du bombardement d'une cible polycristalline de germanium par 1 keV (300 keV) d'Ar^+.

Du point de vue théorique, la distribution angulaire des atomes éjectés sous bombardement ionique des surfaces des solides a été abordées par des théoriciens via des calculs théoriques [39-42] et des simulations par divers codes [36,43-45] afin de cerner ces problèmes. Les modèles théoriques conventionnels de pulvérisation reposent sur la théorie de Sigmund [46] à savoir qu'une cascade linéaire se développe au cœur d'une cible décrite comme un solide amorphe de taille infinie. Cette modélisation aboutit à l'expression d'un taux de pulvérisation angulaire différentiel symétrique par rapport à la normale à la surface.

Dans le cas des cibles polycristallines, il a été montré [47] que lors du bombardement ionique sous incidence normale par des ions légers d'énergie de quelques keV, la distribution peut être décrite, en première approximation par la "loi en cosinus" prédite par la théorie de cascade des collisions isotropes [48]. Il est de coutume d'exprimer les écarts à cette loi en ajustant la distribution donnée par l'équation (8), on parlera de la loi est sous-cosinus quand **n** < 1 et sur-cosinus quand **n** > 1.

Par ailleurs, dans le cas des ions lourds tel que Hg^+ de faible énergie (0.1 à 1 keV), Wehner et al. [49] ont observé une répartition où les atomes sont beaucoup plus éjectés sur les cotés que dans la direction normale à la cible avec une distribution suivant une loi en sous-cosinus et qui se rapproche de la loi en cosinus quand l'énergie incidente augmente. Hofer et al. [50] observent une distribution sur-cosinus dans le cas de bombardement du vanadium par des ions H^+ d'énergie 0,5 à 2 keV.

L'interprétation de l'anisotropie de l'émission d'atomes neutres par les monocristaux a fait l'objet de controverses. Des modèles théoriques ont été proposés tel que le modèle des collisions focalisées de Silsbee [51] et le modèle de surface à structure ordonnée de Lehmann et Sigmund [52] mais aucun ne rend compte de la totalité des résultats expérimentaux. Une autre approche qui est la simulation par divers codes a été utilisée pour comprendre les phénomènes des distributions angulaires. Parmi ces codes citons : SRIM [53] et TRIM.SP [54] pour des cibles amorphes, MARLOWE [55] pour les cibles monocristallines et amorphes, ACAT [36] pour les cibles amorphes et KALYPSO [56] et OKSANA [8] pour les cibles polycristallines, monocristallines et amorphes.

La simulation présentée dans ce travail a été effectuée par V. Shulga à l'aide du code OKSANA [57-58] dont il est l'auteur. Les résultats de cette simulation sont comparés avec nos données expérimentales. Dans cette simulation, la cible polycristalline est modélisée par un monocristal dont on fait varier l'orientation à chaque impact par des ions incidents. Ce modèle tient compte des faibles collisions successives à grandes distances. L'atome sortant franchit une barrière de potentiel de hauteur **U** généralement assimilée à l'énergie de sublimation (dans notre cas, U = 3,38 eV). Les atomes effectuent des vibrations thermiques non corrélées selon le modèle de Debye à 300 K. La perte d'énergie inélastique est donnée par la formule de Firsov [59]. Le potentiel inter atomique utilisé est le potentiel standard WHB (Kr-C) [60]. Pour pouvoir examiner l'effet de la rugosité de surface, la simulation est effectuée pour des surfaces parfaites ou avec 50 % de lacunes dans la première couche atomique. En plus, et pour des incidences obliques, le potentiel ZBL [46] est utilisé.

Ce code de simulation présente des résultats qui peuvent être ajustés sous forme de la loi en :

$$Y \propto \cos^n \alpha \qquad (9)$$

Pour une meilleur représentation des distributions angulaires des particules pulvérisées.

D'autre part, Shulga montre, par calcul théorique, que dans l'intervalle d'énergie $0.1 < E / U < 10$, la distribution énergétique suit la loi en:

$$\approx \frac{E}{(E+U)^k} \qquad (10)$$

où **n** et **k** sont des paramètres d'ajustement.

(9) et (10) sont des fonctions obtenues d'après des calculs théorique de Thompson [61,62] et de Sigmund [48], elles prévoient que **n = 1** et **k = 3 – 2m**, où **m** est la constante de diffusion à basse puissance (power-low scattering) ($0 \leq m \leq 1$). Il faut rappeler que m correspond au potentiel inter-atomique **V** donné par :

$$V \approx \frac{1}{R^{1/m}} \qquad (11)$$

Selon Thompson [59] et Sigmund [46], les distributions angulaires initiales des produits de pulvérisation des reculs ajustées selon la loi en $\cos^v (\alpha_i)$ et une loi en :

$$\propto \frac{1}{E_i^{2-2m}} \qquad (12)$$

où E_i et α_i sont respectivement l'énergie et l'angle polaire d'éjection avant la barrière de potentiel; ν étant un exposant de l'ordre de l'unité. La réfraction des trajectoires des reculs sur une barrière de potentiel est décrite par la formule suivante [60] :

$$\cos\alpha = \sqrt{\frac{E_i \cos^2\alpha - U}{E_i - U}} \qquad (13)$$

Dans ce cas, et comme il a été noté précédemment, les distributions angulaires des particules éjectées suivent approximativement la fonction :

$$\cos^n\alpha \quad \text{et} \quad E/(E+U)^k$$

où E et α sont respectivement l'énergie et l'angle d'éjection au delà du barrière de potentiel.

Par ailleurs, et pour des raisons de contrôle, le problème des distributions angulaires a été résolu par intégration numérique de $S(E,\alpha)$:

$$S(E,a) \propto \frac{E\cos a}{(E+U)^3}\left(\frac{E\cos^2 a + U}{E+U}\right)^{(\nu-1)/2} \qquad (14)$$

Cette expression correspond à la distribution qui suit une loi en $\cos^\nu\alpha_i / E_i^2$. L'équation (15) est résolue par Garrison (Eq. (10) dans [63]) et elle représente l'extension de la distribution de Thompson [61] dans le cas où $\nu \neq 1$.

La figure IV-2 montre une comparaison entre les valeurs calculées de **n** et celles données par des données expérimentales [7]. Aussi sont inclus dans la même figure, l'estimation du facteur d'ajustement **n** d'après Sigmund [64] en ce basant sur la théorie des cascades des collisions linéaires qui tient compte de la déflexion des trajectoires des atomes de reculs à partir de la normale à la surface due a la diffusion des atomes issus des couches superficielles. La décroissance de la valeur obtenue par ajustement du facteur **n** pour des faibles énergies de projectile est due à la décroissance du flux des atomes de recul qui se trouvent proche à la surface et qui devient de plus en plus anisotrope [64].

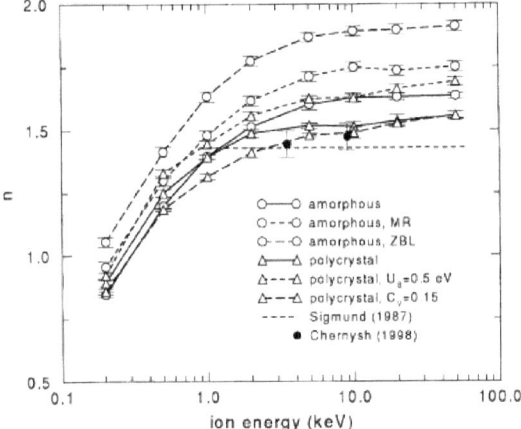

Figure IV-2 : Valeurs du paramètre d'ajustement **n** en fonction d'énergie d'Ar^+ sur une cible de platine amorphe et polycristalline à incidence normale [26]

Dans nos expériences, la quantité physique qui reflète mieux nos résultats est le rendement de pulvérisation donnée par :

$$Z = \frac{dY}{d\Omega} \qquad (15)$$

En pratique, le dépôt sur la feuille de Mylar est mesuré à partir d'une surface **i** vue sous un angle solide Ω_i. Le dépôt est par suite converti en rendement de pulvérisation partiel Y_i^{exp} ou en rendement de pulvérisation différentiel moyen par angle solide :

$$Z_i^{exp} = \frac{Y_i^{exp}}{\Omega_i} \qquad (16)$$

Ces résultats sont comparés aux résultats des simulations pour les mêmes angles solides :

$$Z_i^{sim} = \frac{Y_i^{sim}}{\Omega_i} \qquad (17)$$

Cette conversion implique que toutes les particules issues de pulvérisation sont déposées sur la feuille de Mylar.

Ces expériences présentent deux types d'incertitude. Le premier, aléatoire, est lié principalement à la stabilité de la méthode d'analyse ICP.OES. Le deuxième est lié à l'incertitude sur la mesure du courant ionique durant les manipulations par la technique ESSO. Cette dernière incertitude est séparée en utilisant une procédure de régression linéaire :

$$Z_i^{exp} \approx f Z_i^{sim} + g \qquad (18)$$

Cette procédure nous permet donc de se concentrer sur le profil de la distribution angulaire. f et g sont calculées par minimisation de χ^2 :

$$\chi^2 = \sum_i (Z_i^{exp} - f Z_i^{sim} - g)^2 / (\sigma_i^2 + f^2 \tau_i^2) \qquad (19)$$

où σ_i^2 est la variance de Z_i^{exp} due aux incertitudes aléatoires et τ_i^2 est la variance de Z_i^{sim} due aux erreurs statistique sachant que lors de la simulation, la variance du nombre de particules émises dans un angle solide égale à ce nombre. **g** est introduit pour mettre en évidence les dépôts obtenus hors de la vue de la cible. Une fois que **f** et **g** sont connus, la meilleure estimation du rendement expérimental de pulvérisation est donnée par :

$$Y^{exp} = f Y^{sim} + 4\pi g \qquad (20)$$

IV- Résultats et discussion

IV- 1 Le béryllium

La pulvérisation par faisceau d'ions est principalement caractérisée par le rendement total de pulvérisation **Y** [66,67]. Une meilleure constatation du procédure d'éjection est assurée par l'énergie et la distribution angulaire des particules éjectées. En ce qui concerne la distribution angulaire, une méthode simple et précise est décrite récemment [18-20]. Cette méthode consiste à utiliser une feuille de Mylar comme collecteur, le dépôt est analysé ensuite par la spectroscopie ICP-OES. Des simulations numériques par le code OKSANA sont entreprises afin de comparer les résultats de simulation et les résultats expérimentaux. Cette simulation est stoppée quand le nombre des particules éjectées (particules simulées) atteint **500 000** trajectoires.

Dans ce paragraphe, nous allons présenter les résultats des distributions angulaires obtenues dans le cas du bombardement ionique du béryllium polycristallin avec des ions Kr^+ de 5 keV. Ces distributions angulaires ont été obtenues à 0 et 70 degrés par rapport à la normal à la surface de l'échantillon.

Le béryllium est un métal qui présente un intérêt technologique et qui trouve ces applications dans divers domaines d'application, à savoir, dans les industries aéronautiques, les réacteurs, etc... Il est généralement utilisé dans les dispositifs à plasma, ce qui a motivé des études de sa pulvérisation par des projectiles légers (D, He, Be) [64-66].

a) Distribution angulaire pour les incidences normales ($\theta = 0$°)

La cible du béryllium est bombardée durant 59 heures sous une incidence normale (0° par rapport à la normale de la surface de l'échantillon). La pression se stabilise rapidement à 10^{-7} torr. L'intensité du courant ionique fluctue très légèrement autour de $2,1 \times 10^{-6}$ A. La section du faisceau est estimée à 0,95 mm² ce qui donne une densité de courant $j = 2,93 \cdot 10^{20}$ ions $kr^+.sec.cm^{-2}$ et une fluence de $1,4 \cdot 10^{26}$ ions $Kr^+.cm^{-2}$.

Pour mesurer la quantité de matière déposée sur le collecteur en Mylar, nous procédons à une découpe de ce dernier selon un schéma bien précis (voir Fig. IV-3). C'est l'analyse du dépôt par ICP-OES qui nous donne la forme de la distribution.

Par ailleurs, l'action de manipuler le Mylar avec la main ne produit pas de contamination de ce dernier. En revanche, la quantité du béryllium sur le Mylar n'excède pas 0,0002 mg, ce qui implique la présence de cet élément en états de trace dans le substrat (voir tableau IV-1) ce qui encourage davantage l'utilisation du Mylar comme substrat collecteur.

Elément	Mylar (propre) (masse en mg)	Mylar (manipulé avec la main) (masse en mg)
Be	0,0002	0,0001
Cu	0,0005	0,0003
Al	0,2498	0,2585
Mg	0,0112	0,0100
Ni	0,0069	0,5858
Cr	0,0017	0,1373
Mo	0,0020	0,1403

Tableau IV-1 : Liste des éléments présents dans la feuille de Mylar (l'analyse a été effectuée sur une surface de 0,25 cm²<de la feuille de

Le tableau IV-2 donne les valeurs calculées des coefficients d'ajustement. On remarque que Y^{exp} est ainsi 50 % plus grand que Y^{sim} qui est égale à 1,2. D'autre part, Y^{exp} nous permet de déduire le taux moyen d'érosion qui est égale à 2,05 Å/s et une profondeur moyenne d'érosion de 44 µm qui est compatible avec la profondeur maximale d'érosion de 210 µm mesurée par microscopie électronique à balayage.

f	g	Y^{exp}	% des lacunes
1,31	0,03	1,9	0
1,39	0,01	1,8	50

Tableau IV-2 : les valeurs d'ajustement

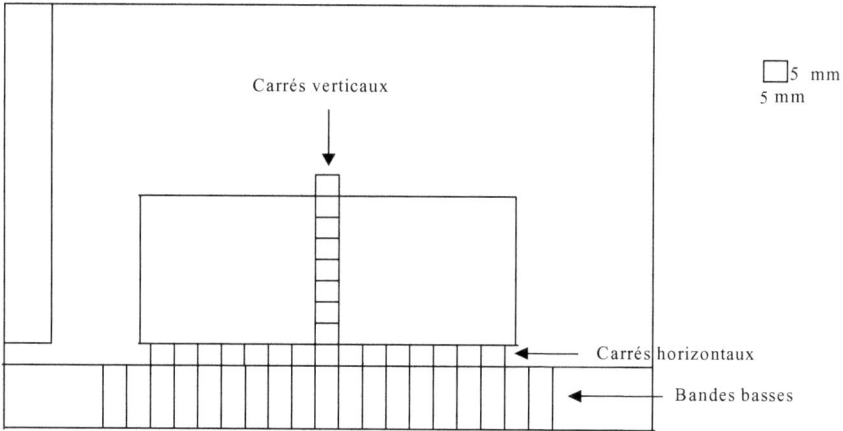

Figure IV-3 : Schéma de découpe de la feuille de Mylar sous un angle d'incidence de 0 degré

En raison de symétrie axiale, nous avons travaillé avec l'angle polaire α. pour une surface finie, l'angle moyen $α_i$ est défini par :

$$\cos \alpha_i = \frac{1}{\Omega_i} \int_{\Omega_i} \cos \alpha \, d\Omega. \qquad (21)$$

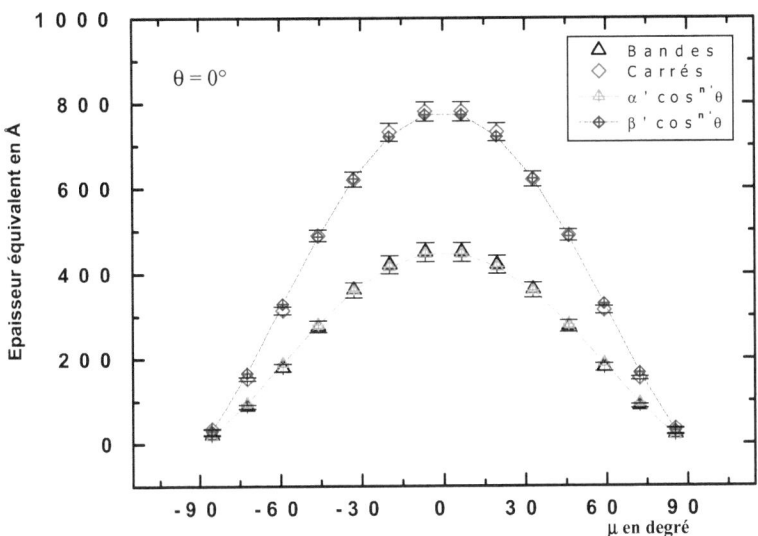

Figure IV-4 : Distribution angulaire simulée pour les produits de pulvérisation du Be par des ions Kr^+ de 5 keV.

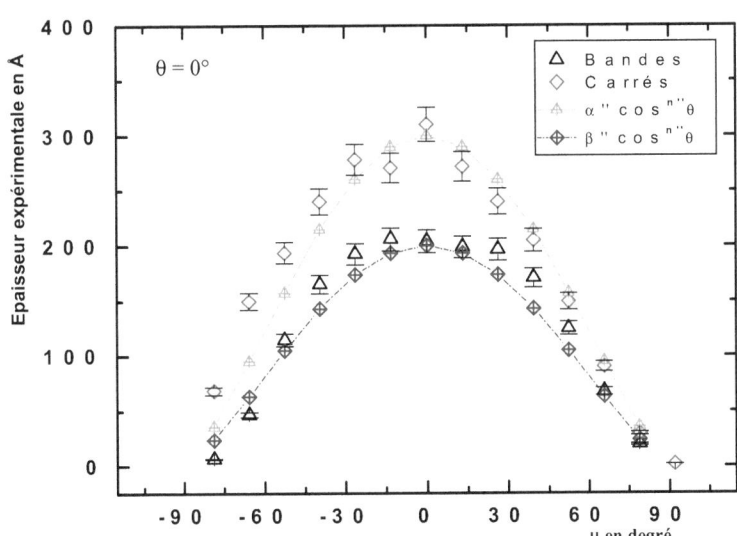

Figure IV-5 : Distribution angulaire expérimentale pour les produits de pulvérisation du Be par des ions Kr^+ de 5 keV.

Figure IV-7 : Micrographie de la surface de béryllium bombardée à une incidence normale.

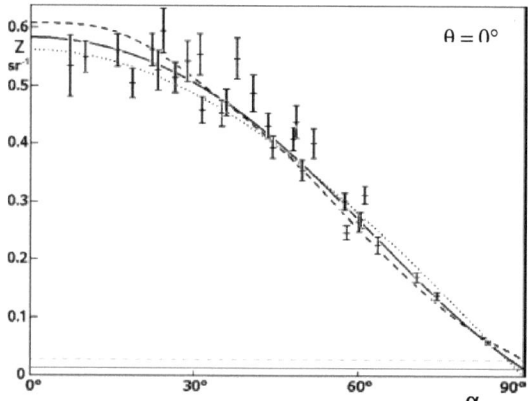

Figure IV-8 : Rendement différentiel de pulvérisation par angle solide (Z) en fonction de l'angle polaire θ. Expérience ($Z = Z_i^{exp}$, $\alpha = \alpha_i$) : croix avec des barres d'erreur. Simulation ($Z = f\, Z^{sim} + g$) : tirets (potentiel WHB), en trait plein (potentiel WHB à 50% de lacunes) ; la ligne du bas est la contribution isotope g. en pointillé la loi de cosinus (ajustée avec $g = 0$).

La figure IV-4 présente les courbes (résultats bruts) de l'épaisseur du dépôt obtenu par simulation en fonction de l'angle µ pour les bandes basses de dimension 65 et 56 mm² et les carrés de dimension de 25 mm² le long de l'axe Ox et Oy (tels que définis sur la figure IV-3). Ces courbes montrent qu'ils sont symétriques et suivent une loi en cosinus de type :

$$A \cos^n \alpha \qquad (22)$$

Carrés : $A = 450$ Å, $n = 1,5$.

Bandes basses : $A = 781$ Å, $n = 1,5$.

Les résultats expérimentaux obtenus après la découpe de la feuille de Mylar sont présentés sur la figure IV-5. Elles dressent les relevés axiaux le long de l'axe Ox et les données relatives aux carrés et bandes basses. Comme pour les résultats simulés, nos résultats montrent qu'ils suivent une loi en cosinus donnée par (22) :

Carrés : $A = 300$ Å, $n = 1,3$.

Bandes basses : $A = 200$ Å, $n = 1,3$.

Pour les deux cas (simulations et expériences) les dépôts sur les carrés horizontaux sont nettement plus importants que ceux sur des bandes basses qui, par leur proximité du faisceau d'ions, sont plus exposés à l'éjection des atomes. Par ailleurs, on remarque que la distribution de l'épaisseur est semblable dans les deux cas, à un facteur près.

D'autre part, on remarque qu'il y a environ un facteur 2 entre la théorie et l'expérience. Cette différence est cohérente, elle vient du fait que les calculs théoriques sont faits pour des conditions idéales. Ajoutons a cela les incertitudes liées essentiellement au courant ionique de l'appareil ESSO et l'erreur instrumentale de la méthode ICP-OES. Les conditions expérimentales sont bien moins parfaites pour avoir une surface propre et plane. En effet, la simulation appliquée à ce travail considère que la surface de l'échantillon est parfaitement plane.

Cependant l'échantillon présente une rugosité après bombardement comme illustré sur la figure IV-7, qui se caractérise par des plans inclinés dans différentes directions sous forme d'ondulation. Ainsi lors de la pulvérisation ionique, les atomes sont éjectés dans des directions qui ne sont pas forcement celles de la théorie.

La figure IV-8 montre les résultats tenant compte des procédures d'ajustement. Dans le même graphe on trace la loi de cosinus afin de comparer nos résultats. Les deux profils simulés sont légèrement sur-cosinus, mais les résultats expérimentaux ne suivent pas ce comportement du fait que lors de la pulvérisation ionique, les ions projectiles ne frappent pas réellement la surface cible à un angle de 0 degré, car ces ions se trouvent autour des champs magnétique et ce pour les petits angles [68]. Par ailleurs, l'incertitude sur le module de rotation fait que l'angle d'attaque choisi est légèrement supérieur à celle de 0 degré. Cette différence est d'autant plus marquée dans les angles α compris entre 20° et 50°. Ces comportements peuvent être expliqués par observation des images de microscopie électronique à balayage des surfaces bombardées (Fig. IV-9). Cette figure indique un assemblage de cratère d'un diamètre typique de 10 µm et la présence des zones ridées sous forme d'ondulations [68,69].

L'influence de la rugosité sur le rendement de pulvérisation est principalement caractérisée par la distribution des pentes. Dans la mesure où elles sont faibles (<30°), la distribution angulaire locale des particules pulvérisées suit une loi proche du cosinus. Quand les pentes sont fortes la distribution des particules pulvérisées est localement décalée vers la direction de réflexion, de sorte que la distribution moyenne a un maximum à α non nul. Comme le montre la figure IV-7, les pentes évaluées en microscopie électronique à balayage s'étendent de 0 à 60° et plus. Ceci explique l'aplatissement de la distribution observée dans la figure IV-7 pour $\alpha < 30°$.

La figure IV-8 présente la variation des couches de béryllium déposées en fonction de l'angle azimutal λ sous forme de courbe brute. L'épaisseur du béryllium est maximum à $\lambda = 0$ degré avec une valeur de 300 Å et diminue ensuite fortement jusqu'à un angle de 45 degrés avec 25 Å. Ensuite l'épaisseur diminue faiblement jusqu'à une valeur de 5 Å.

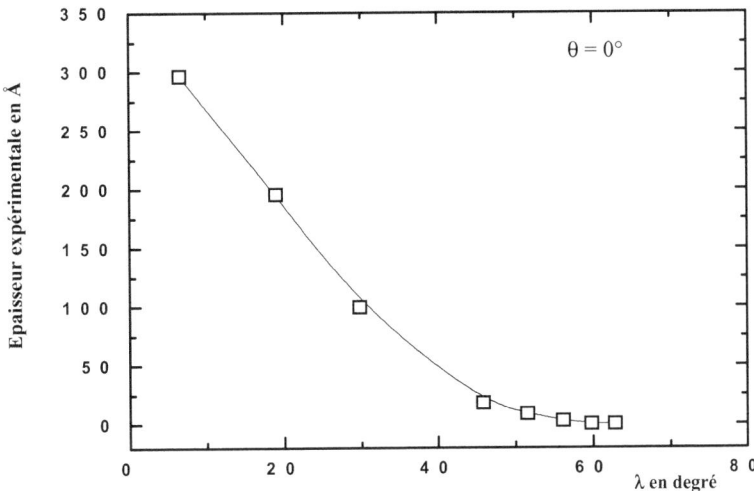

Figue IV-8 : Distribution angulaire expérimental le long de l'axe (o,y) (carrés verticaux).

Les figures IV-9 et IV-10 représentent les taux de pulvérisation différentiels mesurés et simulés le long de l'axe Ox pour les petits carrés et les bandes basses. L'axe de symétrie étant la normale à la surface. Ces résultats montrent que les rendements de pulvérisation différentielle simulés suivent la même loi que ceux obtenues par expériences. Par contre, la normale à la surface perd sa qualité d'axe de symétrie, et les distributions angulaires différentielles mesurées sont déformées et inclinées désormais vers des angles négatifs à -8 degrés. De ce fait, on peut estimer une valeur de l'erreur sur l'angle d'attaque à ± 8 ° (θ = 0 ± 8 °). En effet, les causes d'incertitudes sur la détermination des angles prédéfinies pour la détermination des distributions angulaires sont multiples et peuvent être résumés comme suit :

- Le point d'impact du faisceau ionique sur la cible ne coïncide pas exactement avec l'axe de rotation de l'enceinte.
- La position du zéro sur la feuille de Mylar n'est pas rigoureusement exacte.
- La feuille de Mylar n'adhère par totalement et correctement à la paroi interne du porte substrat, ce qui fausse la valeur du rayon **R**.
- Erreur de lecture des données.
- Et enfin les erreurs liées à la méthode d'analyse ICP.

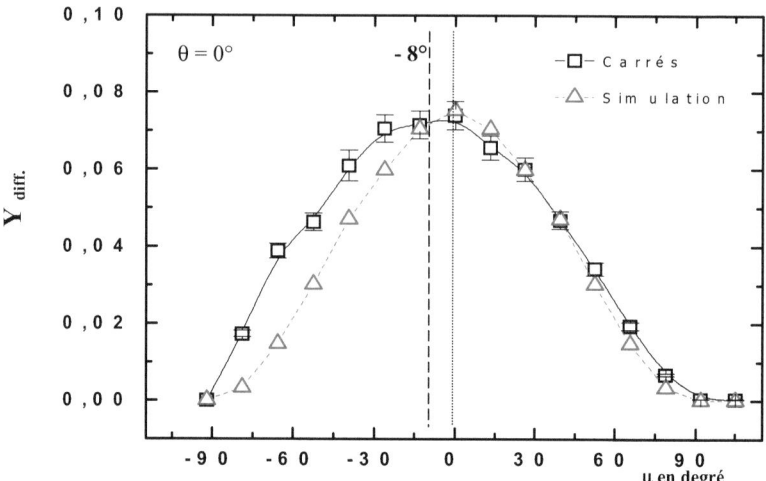

Figure IV-9 : Rendement de pulvérisation différentiel expérimental et simulé le long de l'axe Ox (carrés horizontaux).

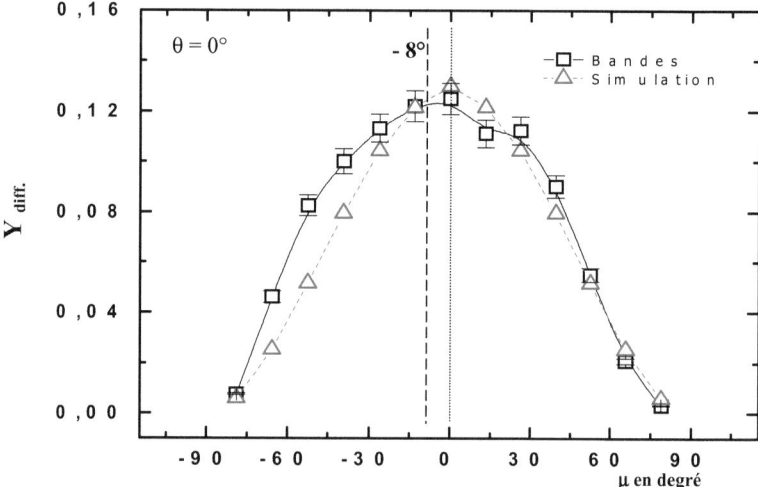

Figure IV-10 : Rendement de pulvérisation différentiel expérimental et simulé le long de l'axe Ox (Bandes basses).

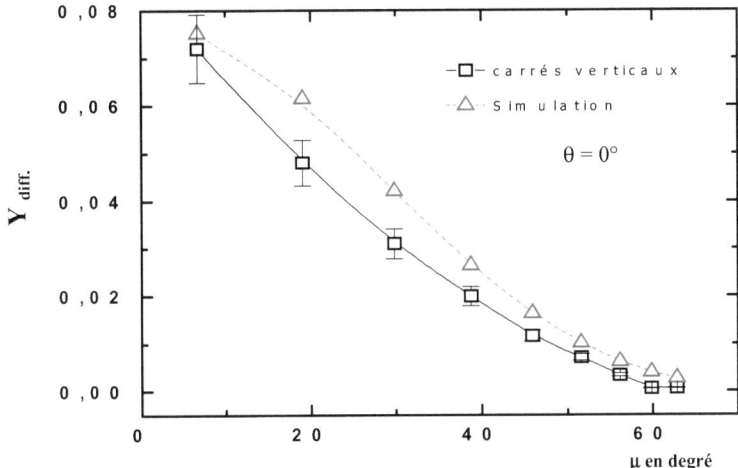

Figure IV-11 : Rendement de pulvérisation différentiel expérimental et simulé le long de l'axe Oz (carrés verticaux).

Comparons la forme du rendement de pulvérisation différentiel simulé et obtenu par expérience le long de l'axe Oy (Fig. IV-11). A faible µ, le rendement de pulvérisation différentiel des produits de pulvérisation du Be présente un maximum. Cette valeur diminue au fur et à mesure que µ est grande (de 5° à 65°).

b) Distribution angulaire pour les incidences obliques (θ = 70 °)

Dans le cas des expériences à incidence oblique (70° par rapport à la normal à la surface), la cible de béryllium est bombardée durant 92 heures avec une intensité du faisceau ionique de 0,69 µA et une section efficace de 1,25 mm², donnant lieu à une densité de courant ionique j = $1,33.10^{20}$ ions $Kr^+.sec.cm^{-2}$ et une fluence de $2,18.10^{26}$ ions $Kr^+.cm^{-2}$. La feuille de Mylar contenant le dépôt du béryllium est découpée à 70 pièces selon le schéma présenté dans la figure IV-12.

Les valeurs d'ajustement des données de simulation sont reportées dans le tableau IV-3. Dans les trois cas, $Y^{exp} = 9,8 \pm 0,9$. Le taux moyen d'érosion dans ce cas avoisine 1,02 Å/s avec une profondeur moyenne d'érosion de 34 µm. Les figures IV-13 et IV-14 représentent les rendements de pulvérisation différentiels le long de l'axe Ox (23 petits carrés) et le long de l'axe Oy (17 petits carrés).

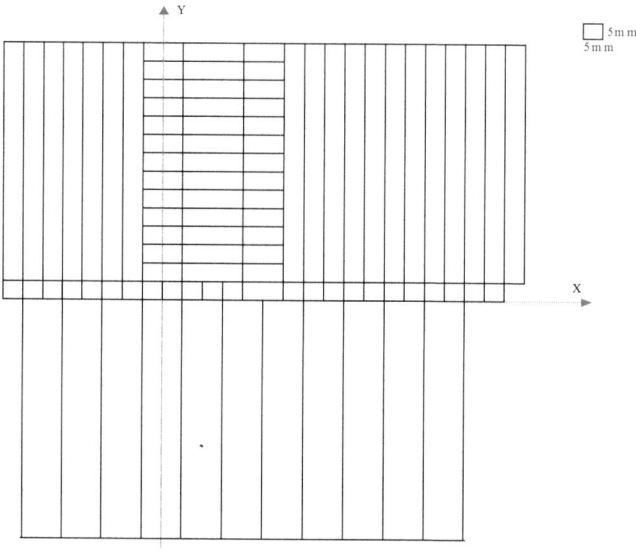

Figure IV-12 : Schéma de découpe de la feuille de Mylar sous un angle d'incidence de 70 degrés

Type de potentiel	f	g	Y^{sim}	% des lacunes
WHB	0,91	0,037	10,2	0
WHB	0,93	0,036	10,0	50
ZBL	0,86	0,037	10,8	-

Tableau IV-3 : les valeurs d'ajustement

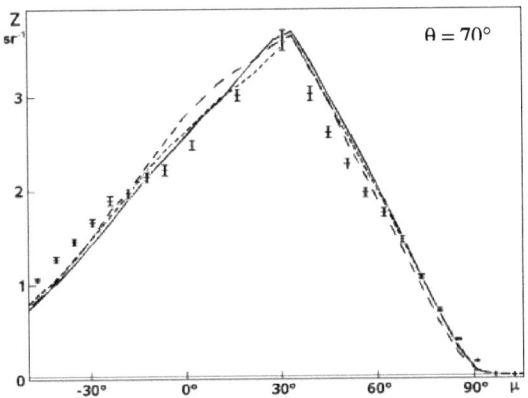

Figure IV-13 : Rendement de pulvérisation différentiel par angle solide Z pour une série de surfaces le long de l'axe Ox en fonction de l'angle μ.

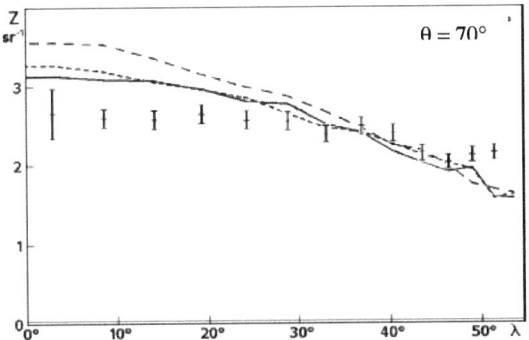

Figure IV-14 : Rendement de pulvérisation différentiel par angle solide Z pour une série de surfaces le long de l'axe Oy en fonction de l'angle λ.

Sur les figures IV-13 et IV-14, les résultats des expériences ($Z = Z_i^{exp}$) sont représentés sous forme de croix avec des barres d'erreurs. La simulation ($Z = f Z_i^{sim} + g$) est représentée par des traits longs pour le potentiel WHB en absence de lacunes en surface, petits traits pour le potentiel WHB à 50 % de lacune en surface et par des traits pleins pour le potentiel ZBL. La ligne tracée au fond présente la contribution isotopique de g. l'analyse de ces résultats montre une légère différence entre les résultats obtenu par expérience et ceux obtenus par simulation. En effet, on remarque une nette différence qui est plus marquée le long de l'axe Oy (Fig. IV-13) que celle le long de l'axe Oy (Fig. IV-14). L'étude micrographique sur l'échantillon bombardé à 70° révèle la présence des extrémités pointues, parallèles au plan d'incidence d'une taille de 10 µm et d'une longueur de 100 µm. à l'intérieur de chaque cratère, un petit cratère se forme à différentes échelles.

Il est connu que la distribution angulaire des produits de pulvérisation lors du bombardement ionique diminue plus lentement pour les grands angles d'incidence aussi bien dans des expériences [20,69] que dans les simulations [26]. Lors des simulations, la rugosité est quasiment inexistante, parfois une couche atomique fait l'objet d'une simulation de l'effet du bombardement ionique sur le changement de la morphologie de surface [69], tandis que la surface réelle après attaque ionique présente certainement une rugosité plus importante. On s'attend intuitivement à ce que la rugosité ait un profil aléatoire. Un examen étroit de la surface est nécessaire.

Des travaux plus récents ont été consacrés à l'étude de la morphologie des surfaces (Fig. IV-15) après bombardement ionique [68,70]. L'ensemble de ces résultats peut être résumé comme suite :

i) dans le régime linéaire (profil de faible rugosité), qui est appliqué au premier processus de pulvérisation, des rides périodiques sont formées,

ii) pour un système ion-cible et pour une température donnée, la période des rides formées dépend seulement de l'énergie de bombardement, de l'angle d'incidence et de la densité de flux ionique.

Dans le régime non-linéaire, qui prend place au cours de la pulvérisation, la situation devient plus compliquée et difficile à interpréter. Pour des petits angles d'incidence, des structures rugueuses disparaît et la surface subit par la suite une rugosité avec le temps t en $t^{1/4}$.

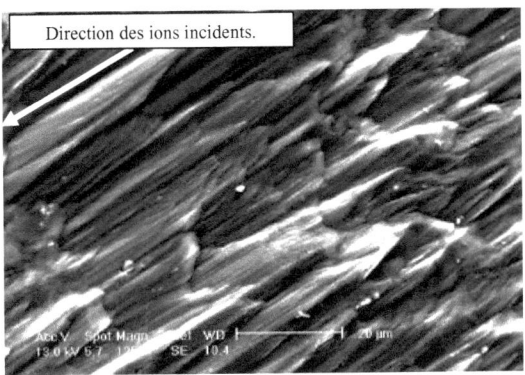

Figure IV-15 : Micrographie de la surface de béryllium bombardée à une incidence oblique.

Le flux des atomes de Be qui se dépose sur le collecteur en Mylar est connu. Leur angle d'incidence sur le collecteur n'est pas grand, ainsi l'émission des particules réfléchies ou re-pulvérisées suit approximativement une loi en cosinus. Soit **r** la fraction réfléchie ou re-pulvérisée, le dépôt derrière la cible peut être calculé en fonction de **r** avec **r** = 0,003 [20]. Quand le dépôt des produits de pulvérisation est mesuré sur des surfaces en avant et en arrière d'une cible plane, c-à-d pour μ peu inférieur à 90°, une autre contribution des produits de pulvérisation doit être prise en considération, il s'agit des fragments d'agrégats de Be éclatant en vol après leur émission. Leur contribution au rendement de pulvérisation est de 0,46 ± 0,04 atomes par ions. Pour évaluer cette contribution en fonction de la fraction c des produits de pulvérisation, il serait nécessaire de connaître la loi de désintégration de ces fragments, de leur distribution de vitesse et de leur rapport de la vitesse relative et absolue des fragments. Le problème sera réduit à un problème purement géométrique si on suppose que les fragments ont la même distribution angulaire que les atomes pulvérisés et les atomes qui se désexcitent en éclat de vol sur une longueur l. Une étude [20] donne des valeurs de c et l (c = 0,05, l = 2 mm).

Conclusion

Dans ce chapitre, nous avons étudié les formes des distributions angulaires d'une cible de béryllium lors du bombardement par des ions Kr$^+$ de 5 keV à incidence normale et oblique (70°). Pour ce faire, nous avons adopté un protocole opératoire utilisant une feuille de Mylar comme collecteur des matériaux éjectés. L'analyse du dépôt a été réalisée à l'aide de la spectroscopie d'émission optique à source plasma (ICP-OES).

Le rendement de pulvérisation du béryllium lors du bombardement par des ions lourds a été mesuré expérimentalement et V. Shulga a effectué des simulations avec le code OKSANA. Sur le tableau IV-4, nous avons présenté un récapitulatif des rendements de pulvérisations données par les expériences est par les simulations OKSANA et SRIM. D'une manière générale, l'accord entre simulation et expérience et bon, mais un examen étroit indique des anomalies qui sont attribué aux effets de rugosité de surface bombardée. Qualitativement la distribution des rides comme le montre la microscopie électronique à balayage explique la plupart de ces anomalies. Cependant plusieurs effets liés à la forte rugosité telle que la réflexion et la re-pulvérisation devraient être inclus dans un traitement quantitatif. La sensibilité de la technique ICP permet par conséquent la mesure des dépôts de petite taille sur des bouts de feuille de Mylar avec une bonne exactitude.

Y	0°	70°
Expériences	1,9	10,0 – 10,8
Simulation OKSANA	1,2	9,8
Simulation SRIM	1,4	16,3

Tableau IV-4 : Tableau récapitulatif des valeurs du rendement de pulvérisation total obtenus par expériences et par simulation (OKSANA et SRIM).

Références

[1] P. Sigmund, Topics Appl. Phys., 47, 9, (1981).

[2] G. Blaise, Journées d'étude sur les interactions avec les surfaces, 18-19 avril 1989, P. 14.

[3] G. Betz , W. Husinsky, Nuclear Instruments and Methods in Physics Research B 102 (1995) 281-292.

[4] K. Gtirtner, D. Stock, B. Weber, G. Betz, M. Hautala, G. Hobler, M. Hou, S. Sarite, W. Eckstein, J.J. Jimknez-Rodriguez, A.M.C. Perez-Martin, E.P. Andribet, V. Konoplev, A. Gras-Marti, M. Posselt, M.H. Shapiro, T.A. Tombrello, H.M. Urbassek, H. Hensel, Y. Yamamura et W. Takeuchi, Nuclear Instruments and Methods in Physics Research B 102 (1995) 183-197.

[5] G.V. Kornich, G. Betz, V. Zaporojtchenko, A.I. Bazhin et F. Faupel, Nuclear Instruments and Methods in Physics Research B 227 (2005) 261–270.

[6] V.S. Chernysh ,W. Eckstein , A.A. Haidarov , V.S. Kulikauskas , E.S. Mashkova,V.A. Molchanov, Nucl. Instrum. Methods B 164-65 (2000) 755-61.

[7] S. Chernysh , W. Eckstein , A.A. Haidarov , V.S. Kulikauskas , V.A. Kurnaev,E.S. Mashkova , V.A. Molchanov, Nucl. Instrum. Methods B 135 (1998) 285-88

[8] V.I. Shulga, Nucl. Instrum. Methods B 164-165 (2000) 733-747

[9] P.-G. Fournier, O. Varenne, J. Baudon, A. Nourtier, T.R. Govers, Appl. Surf. Sci. 225 (2004) 135–143.

[10] N. Winograd, P. H. Kobrin, G. A. Schick, J. Singh, J. P. Baxter and B. J. Garrison, Surf. Sci. 176, (1986) L 817.

[11] M. R. Weller, T. A. Tombrello, Radiat. Eff. 49, (1980) 239.

[12] V. Shutthanandan, P. K. Ray, N. R. Shivaparan, R. J. Smith, S. Thevuthasan, M. A. Mantenieks, procceeding of the 25th Int. Elec. Prop. Conf. cleveland U. S. A (1997).

[13] Y.F. Chen, Surface Science 519 (2002) 115–124.

[14] Katsumi Tanaka et Daisuke Sonobe, Applied Surface Science 140 (1999) 138-143.

[15] M. Takahashi , T. Hatano , T. Ejima , Y. Kondo , K. Saito , M. Watanabe ,T. Kinugawab, J.H.D. Elandb, Journal of Electron Spectroscopy and Related Phenomena 130 (2003) 79–84.

[16] J. Bates, D. M. Gruen, R. Varma, Rev. Sci. Instrum. 48, (1976) 1506.

[17] O. Varenne, Analyse des produits de pulvérisation de métaux et d'oxydes par spectroscopie optique, Thèse, Université Paris-Sud, (2000).

[18] P.-G. Fournier, O. Varenne, J. Baudon, A. Nourtier, T.R. Govers, Appl. Surf. Sci. 225, 135 (2004)

[19] P.-G. Fournier, A Nourtier, V. I. Shulga, M. Ait El Fqih, Nucl. Instr. and Meth. in Phys. Res. B 230 (2005) 577–582.

[20] P.-G. Fournier, A. Nourtier, V.I. Shulga, Phys. Chem. News 19 (2004) 60.

[21] J. Fournier, P.-G. Fournier, A. Kaddouri, H. Dunet, J.Appl. Phys. 69 (1991) 2382.

[22] P.-G. Fournier, J. Fournier,B. Bellaoui, O. Benoist d'Azy,G. Taieb, Nucl. Instr. and Meth. B 78 (1993) 144.

[23] O. Varenne, P.-G. Fournier, J. Fournier, B. Bellaoui, A.Faké, J. Rostas, G. Taieb, Nucl. Instr. and Meth. B 171(2000) 259.

[24] M. Kustner, W. Eckstein, E. Hechtl and J. Roth, J. Nucl. Mater. 265 (1999) 22.

[25] K. Tokesi, L. Wirtz, C. Lemell, J. Burgdorfer, J. of Elec. Spect. and Related Phenomena, 129 (2003) 195-200.

[26] V. I. Shulga, Nucl. Instr. and Meth. in Phys. Res. B 174 (2001) 423-432

[27] A. Yagishita, K. Hosaka, J. I. Adachi, J. of Elec. Spect. And Related Phenomena 142 (2005) 295-312.

[28] Y. Zhang, C. J. Dai, S. B. Li, J. Lu, J. of Elec. Spect. And Related Phenomena 128 (2003) 135-140.

[29] V.S. Chernysh W. Eckstein, A.A. Haidarov, V.S. Kulikauskas, V.A. Kurnaev,E.S. Mashkova, V.A. Molchanov, Nucl. Instr. and Meth. in Phys. Res. B 135 (1998) 285-288.

[30] G. K. Wehner, Phys. Rev., 102 (1956) 960.

[31] R. L. Cunningham, K. V. Gow et J. Ng-Yelim, J. Appl. Phys., 34 (1963) 984.

[32] J. –F. Hennequin, J. Phys., 29 (1968) 957.

[33] Behrish R. Behrisch, (Ed.), Sputtering by Particle Bombardment,vol. I, Springer, Berlin, 1981.

[34] T. Nagatomi, K. Min, R. Shimizu, J. Appl. Phys. 33 (1994) 6675.

[35] H.H. Andersen, B. Stenum, T. Sorensen, H.J. Whitlow, Nucl. Instr. and Meth. in Phys. Res. B 6 (1985) 459.

[36] Y. Yamamura, H. Tamara, Energy dependence of ion-induced sputtering yields from monoatomic solids at normal incidence, Report NIFS-Data 23 (1995).

[37] E. S. Mahkova, V. A. Molchanov, Surf. Investigation 13 (1998) 1541.

[38] T. K. Chini, M. Tanemura, F. Okuyama, Nucl. Instr. and Meth. in Phys. Res. B 119 (1996) 387.

[39] K. Tokesi, L. Wirtz, C. Lemell, J. Burgdorfer, J. of Elec. Spect. and Related Phenomena, 129 (2003) 195-200.

[40] V. I. Shulga, Nucl. Instr. and Meth. in Phys. Res. B 174 (2001) 423-432

[41] A. Yagishita, K. Hosaka, J. I. Adachi, J. of Elec. Spect. And Related Phenomena 142 (2005) 295-312.

[42] Y. Zhang, C. J. Dai, S. B. Li, J. Lu, J. of Elec. Spect. And Related Phenomena 128 (2003) 135-140.

[43] V.S. Chernysh W. Eckstein, A.A. Haidarov, V.S. Kulikauskas, V.A. Kurnaev,E.S. Mashkova, V.A. Molchanov, Nucl. Instr. and Meth. in Phys. Res. B 160 (2000) 221.

[44] V.S. Chernysh W. Eckstein, A.A. Haidarov, V.S. Kulikauskas, V.A. Kurnaev,E.S. Mashkova, V.A. Molchanov, Nucl. Instr. and Meth. in Phys. Res. B 164-165 (2000) 755.

[45] V.I. Shulga, Nucl. Instr. and Meth. in Phys. Res. B 174 (2001) 77.

[46] P. Sigmund, in: R. Behrisch (Ed.), Sputtering by Particle Bombardment I, Springer, Berlin; Top. Appl. Phys. 47 (1981) 9.(Ed.), The Stopping and Range of Ions in Solids, Vol.1, Pergamon, New York, 1985.

[47] H. L. Bay, J. Bohdansky, W. O. Hofer et J. Roth, Appl. Phys., 21 (1980) 327.

[48] P. Sigmund, Phys. Rev., 184 (1969) 383.

[49] G. K. Wehner, D. Rosenberg, J. Apll. Phys., 31 (1960) 177.

[50] W. O. Hofer, H. L. Bay et P. J. Martin, J. Nucl. Mat., 76/77 (1978) 156.

[51] R. H. Silsbee, J. Appl. Phys., 28 (1957) 1246.

[52] C. Lehmann et P. Sigmund, Phys. Stat. Sol., 16 (1966) 507.

[53] J. F. Ziegler, J. P. Biersack., U. Littmark (Eds.), The Stopping and Range of Ions in Solids, Pergamon Press, New York, 2003.

[54] M. Kustner, W. Eckstein, V. Dose, J. Roth, NIMB 145 (1998) 320-331.

[55] M. T. Robinson, I. M. Torrens, Phys. Rev. B 9 (1974) 5008.

[56] M.A. Karolewski, Nucl. Instr. and Meth. in Phys. Res. B 230 (2005) 402-405.

[57] W.D. Wilson, L.G. Haggmark, J.P. Biersack, Phys. Rev. B15 (1977) 2458.

[58] J.F. Ziegler, J.P. Biersack, U. Littmark (Eds.), The Stopping and Range of Ions in Solids, Vol. 1, Pergamon Press, New York, (1985) p. 41.

[59] M.W. Thompson, Philos. Mag. 18 (1968) 377.

[60] M.W. Thompson, Philos. Mag. 18 (1968) 377.

[61] W. Eckstein, Computer Simulation of Ion-Solid Interactions, Springer, Berlin, (1991).

[62] B. J. Garrison, Nucl. Instr. and Meth. in Phys. Res. B 17 (1986) 305.

[63] M. T. Robinson, in: R. Behrisch (Ed.), Sputtering by Particle Bombardment I, Springer, Berlin; Top. Appl. Phys. 47 (1981) 73.

[64] P. Sigmund, Editor, Fundamental Processes in Sputtering of Atoms and Molecules, Mat. Fys. Medd. Dan. Vid. Selsk 43 (1993).

[65] G. Betz and K. Wien, Int. J. Mass Spectr. Ion Proc. 140 (1994) 1.

[66] P.C. Smith and D.N. Ruzic, Nucl. Fusion 38 (1998) 673.

[67] M. Kustner, W. Eckstein, E. Hechtl and J. Roth, J. Nucl. Mater. 265 (1999) 22.

[68] R. Chodura, in: D. E. Post, R. Behrisch (Eds), Physics of Plasma-Wall Interactions in Controlled Fusion, Plenum Press, New York, (1986) 99.

[68] D. Ghose and S.B. Karmohapatro, Adv. Electron. Electron Phys. **79** (1990) 73.

[69] M.A. Makeev, R. Cuerno and A.-L. Barabási, Nucl. Instr. and Meth. B **197** (2002) 185.

[70] M. H. Shapiro, T. A. Tombrelo, Nucl. Instr. Methods B 194 (2002) 425.

Chapitre V

ÉMISSIONS OPTIQUES OBSERVÉES LORS DU BOMBARDEMENT DES CIBLES À PLUSIEURS CONSTITUANTS ET APPLICATION ANALYTIQUE

Introduction

Le but de ce chapitre est d'examiner l'aspect analytique de la méthode de spectroscopie optique sous bombardement ionique telle qu'elle est mise en oeuvre par l'appareil ESSO (Etude des Surfaces par Spectroscopie Optique) pour des alliages binaires. Cette méthode permet d'identifier les éléments constituant un alliage quelconque d'après un spectre optique dans un domaine de longueur d'onde de 1900 à 5900 Å.

Dans cette partie, nous présenterons et discuterons les résultats de l'analyse quantitative d'un alliage de cuivre aluminium lors du bombardement par des ions Kr^+ de 5 keV.

I- Nature des échantillons et conditions opératoires

Les échantillons utilisés dans ce travail sont des alliages binaires de cuivre aluminium et de cuivre béryllium (CuXAl100-X, X=20 ; 33 ; 90) (CuXBe100-X, X=98). Pour des mesures de contrôles et de comparaison, des échantillons purs de cuivre, béryllium et d'aluminium sont utilisés. Les alliages de cuivre aluminium nous ont été fournis par Mr Boukhris de l'Université d'Annaba en Algérie.

Ces échantillons sont d'abord polis mécaniquement à l'aide d'une polisseuse puis nettoyés dans la cuve à ultra-sons sous eau avant d'être rincés dans de l'éthanol et séchés. L'ensemble est placé sur le porte-échantillons sous un vide de 10^{-7} torr en absence d'oxygène et de 5.10^{-6} torr en présence d'oxygène (dans le cas de l'alliage CuAl). La section du faisceau est estimée à 0,95 mm². Le courant ionique fluctue entre 10^{-6} et $1,6.10^{-6}$A, ce qui donne une densité ionique de 1 à 1,7 µA/mm².

Ces échantillons ont subi un bombardement in situ durant quelques minutes afin d'éliminer les couches d'oxyde superficiel. La surface de l'échantillon bombardée est considérée propre quand le signal lumineux d'une raie devient constant.

Les figures V-1 à V-7 mettent en évidence la présence de la couche d'oxyde sur les échantillons étudiés. Elles montrent la décroissance du signal des principales raies les plus intenses de l'aluminium et du cuivre à savoir la raie Al I située à 3092,5 Å puis sur la raie Cu I située à 3247,5 Å. Le signal lumineux augmente rapidement quand on applique le faisceau puis décroît plus au moins lentement selon la nature de l'échantillon. Cette décroissance est beaucoup plus importante pour le cuivre et les alliages étudiés que pour l'aluminium.

Le signal se stabilise après environ 3 minutes de bombardement pour le cuivre et les alliages et environ 12 minutes pour l'aluminium.

On observe sur les figures V-8 et V-9 la présence des raies de cuivre et de l'aluminium lors de la pulvérisation respectivement des échantillons d'aluminium et de cuivre. Ceci est sans doute dû à la re-déposition des produits de pulvérisation sur les cibles étudiés. Nous devons par ailleurs tenir compte de ces considérations avant l'obtention de chaque spectre.

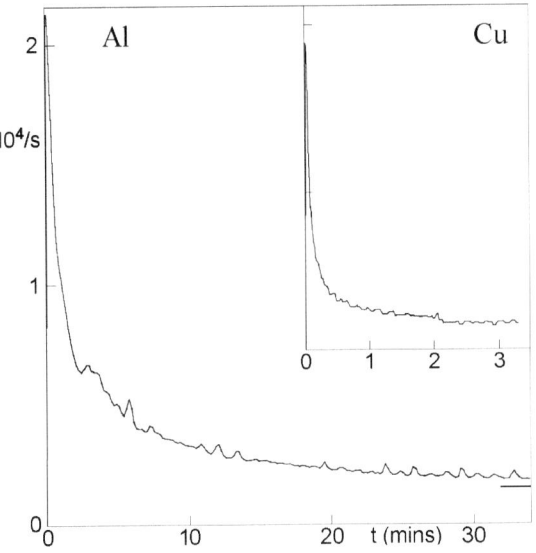

Figure V-1 : Décroissance des raies λ_{Al} = 3092,5 Å dans l'aluminium
et λ_{Cu} = 3247,5 Å dans le cuivre

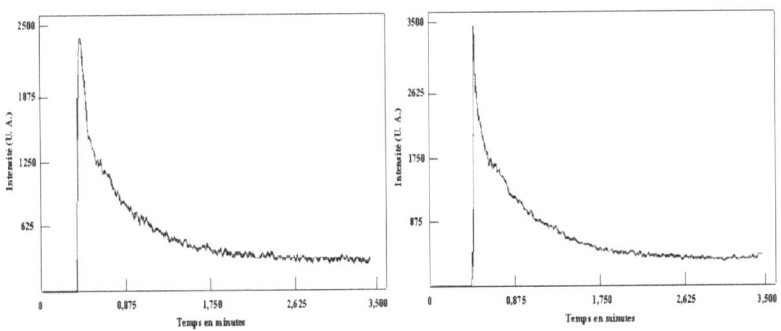

Figure V-2 : Décroissance de la raie
λ_{Cu} = 3247,5 Å dans l'alliage Cu90Al10

Figure V-3 : Décroissance de la raie
λ_{Al} = 3092,5 Å dans l'alliage Cu90Al10

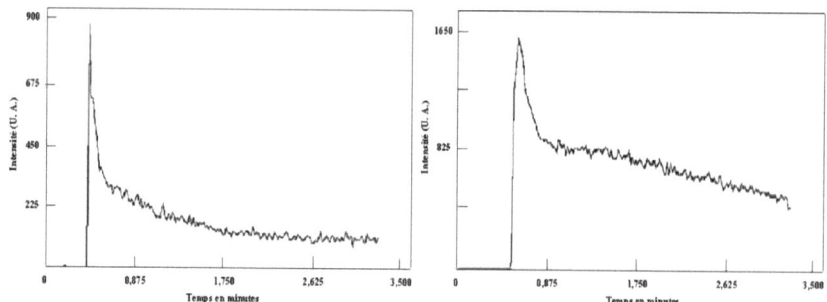

Figure V-4 : Décroissance de la raie
λ_{Cu} = 3247,5 Å dans l'alliage Cu33Al67

Figure V-5 : Décroissance de la raie
λ_{Al} = 3092,5 Å dans l'alliage Cu33Al67

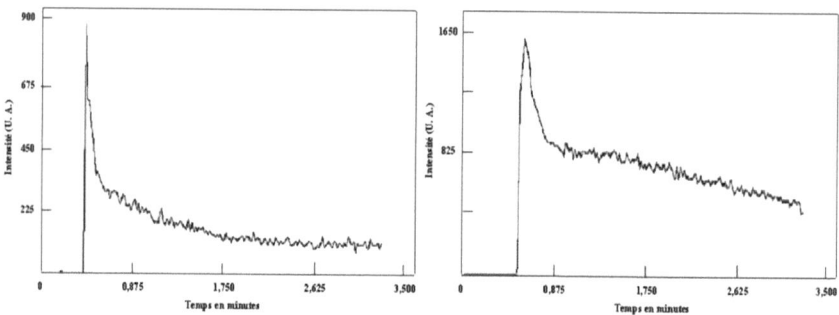

Figure V-6 : Décroissance de la raie
λ_{Cu} = 3247,5 Å dans l'alliage Cu20Al80

Figure V-7 : Décroissance de la raie
λ_{Al} = 3092,5 Å dans l'alliage Cu20Al80

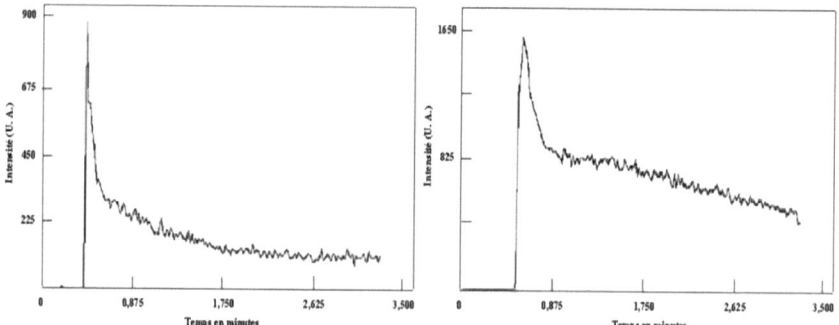

Figure V-8 : Décroissance de la raie
λ_{Cu} = 3247,5 Å dans l'aluminium pure

Figure V-9 : Décroissance de la raie
λ_{Al} = 3092,5 Å dans le cuivre pure

II- Résultats expérimentaux

II- 1 Etude analytique par ICP-OES (Emission Atomique à Source Plasma Couplé par Induction)

Afin de tester la possibilité analytique de la méthode ESSO, des résultats en été obtenus par analyse des alliages de cuivre aluminium par la méthode ICP-OES dans le laboratoire. Rappelons que le but de ces analyses est de connaître avec précision les concentrations massiques du cuivre et de l'aluminium et éventuellement de déceler la quantité des impuretés qui sont susceptibles d'être présentes dans les alliages à étudier. Il faut noté que généralement ces concentrations sont limitées par la sensibilité du type d'ICP utilisée. Pour notre cas, les limites de détection du cuivre et de l'aluminium sont respectivement de l'ordre de 1,5 et 2 $\mu g/l$.

Dans les tableaux V-1, V-2 et V-3 sont reportés les résultats des concentrations pour les différents alliages obtenues par ICP. Nous avons utilisé deux raies de Al pour la calibration (λ_{Al} = 3082,14 Å et λ_{Al} = 3961,52 Å). Ces deux raies présentent la particularité qu'elle n'interfère pas avec les autres raies caractéristique du cuivre.

Grâce à l'ICP, nous avons pu déterminer avec précision les concentrations massiques des alliages de cuivre aluminium (cf. tableau V-1 et V-2). En effet, Les échantillons Cu90Al10 et Cu20Al80 ont la composition en cuivre et en aluminium attendue à un facteur près. En revanche, l'alliage dont la concentrations nominale est Cu33Al67 a la composition en cuivre et en aluminium différentes que celles données par les mesures ICP selon le choix de la raies de calibration de l'ICP (raies d'aluminium). Pour la longueur d'onde λ_{Al} = 3082,14 Å le Cu33Al67 est en faite un alliage Cu28Al72 et pour la longueur d'onde λ_{Al} = 3961,52 Å est un Cu29Al71. En plus on remarque que ces alliages contiennent principalement des impuretés de zinc, de calcium, de fer et du silicium. L'alliage qui contient le plus d'impuretés est le Cu20Al80 qui présente 1,47%. Cependant les autres alliages présentent des impuretés moindres que 0,5%. La présence de ces impuretés est vraisemblablement due au procédé d'élaboration de ces alliages.

Dans la suite nous allons nommer nos échantillons par leurs concentrations nominales données par le mode de préparation de ces alliages. Ces concentrations tiennent compte de la présence des impuretés dans les alliages élaborés.

Alliages Préparés (Concentration nominale)	Concentration en cuivre (en µg/l)	Concentration en aluminium (en µg/l)	Rapport de [Cu] / [Al] *	Rapport [Cu] / [Al] mesuré**	Alliages obtenus
Cu 20 Al 80	995,6	3663,9	0,25	0,27	Cu 21 Al 79
Cu 33 Al 67	1702,8	4352,3	0,49	0,39	Cu 28 Al 72
Cu 90 Al 10	4673,9	498,9	9,00	9,56	Cu 91 Al 9

Tableau V-1 : Rapports des concentrations de Cu sur Al des différents alliages de Cu Al mesurés à l'ICP pour la raie λ_{Al} = 3082,14 Å.

Alliages Préparés (Concentration nominale)	Concentration en cuivre (en µg/l)	Concentration en aluminium (en µg/l)	Rapport de [Cu] / [Al] *	Rapport [Cu] / [Al] mesuré**	Alliages obtenus
Cu 20 Al 80	995,6	3605,3	0,25	0,28	Cu 22 Al 78
Cu 33 Al 67	1702,8	4251,5	0,49	0,40	Cu 29 Al 71
Cu 90 Al 10	4673,9	492,8	9,00	9,48	Cu 90 Al 10

Tableau V-2 : Rapports des concentrations de Cu sur Al des différents alliages de Cu Al mesurés à l'ICP pour la raie λ_{Al} = 3961,52 Å.

* Nos échantillons sont de la forme Cu **x** Al **y** avec **x** le pourcentage en masse de cuivre et **y** le pourcentage en masse d'aluminium. On calcule alors le rapport **x** / **y**.

** On calcule le rapport [Cu/Al] grâce aux concentrations mesurées par ICP du cuivre et de l'aluminium introduits dans le creuset. On divise alors [Cu] par [Al], avec [X] : concentration de l'élément X (en µg/l).

Impuretés (en ppm*) \ Echantillons (concentrations nominales)	Cu20 Al80	Cu33 Al67	Cu90 Al10
As	170	190	50
Tl	230	-	-
Zn	1 000	1 200	2 500
Pb	-	-	180
Ni	30	40	10
Mn	80	10	9
Fe	560	1 200	650
Cr	20	20	-
Mg	100	40	20
V	40	160	-
Sr	120	1	1
Si	1 300	590	320
Ag	30	40	140
Ba	20	4	3
Ca	11 000	630	470
Be	0,5	1	1
Somme des impuretés (ppm)	14 700	4 126	4 354
Poids des échantillons (mg)	108,4	118,1	98,44
Poids des impuretés (mg)	1,59	0,49	0,43
Pourcentage d'impuretés	1,47	0,41	0,44

Tableau V-3 : Mise en évidence des impuretés par ICP sur les alliages CuAl.

- absence de l'élément.

* le ppm (partie par million) est équivalent au mg/kg soit mg/l.

Alliage (concentration nominale)	Alliage (concentration donnée par ICP)	Rapport des concentrations Al/Cu
Cu20Al80	Cu22Al78	3,5454
Cu33Al67	Cu29Al71	2,4482
Cu90Al10	Cu90Al10	0,1111

Tableau V-4 : Concentration des alliages donnée par ICP.

II- 2 Le cuivre aluminium

a) Emission optique du cuivre aluminium

Les figures V-10-1, V-10-2, V-10-3, V-10-4 et V-10-5 montrent respectivement les spectres de luminescence des échantillons de Al, Cu, Cu20Al80, Cu33Al67 et Cu90Al10, obtenus lors du bombardement ionique sous un angle d'incidence de 70°. Ces spectres sont enregistrés dont la région spectrale 1900 - 5900 Å avec un temps de comptage de 1 s.

L'indexation des raies a été faite en utilisant la banque informatique de données du NIST qui permet une recherche par élément ou par longueur d'onde [1]. Le dépouillement de ces spectres montre la présence d'une multitude de raies fines bien séparées. On remarque l'absence du continuum ainsi que les émissions correspondante au projectile Kr^+.

Les tableaux V-5, V-6 et V-7 présentent les résultats des intensités relatives et absolues, les longueurs d'ondes correspondantes données dans la littérature, les transitions mises en jeu et les énergies des niveaux supérieurs et inférieurs. Dans le tableau V-7, on observe un comportement qui n'est pas monotone en fonction de la concentration en cuivre avec une forte diminution pour l'échantillon intermédiaire (Cu33Al67). Ceci est dû à la composition des phases caractéristiques aux échantillons étudiés. Les alliages de CuAl ont été élaborés par fusion par induction haute fréquence (champ micro-onde) suivie d'une solidification in situ. Ce mode de préparation permet d'avoir des cibles propres présentant de faibles contaminations du fait de l'absence d'un contact avec une source de chaleur [2,3]. Le tableau V-8 résume les différentes caractéristiques des trois alliages étudiés dans notre travail.

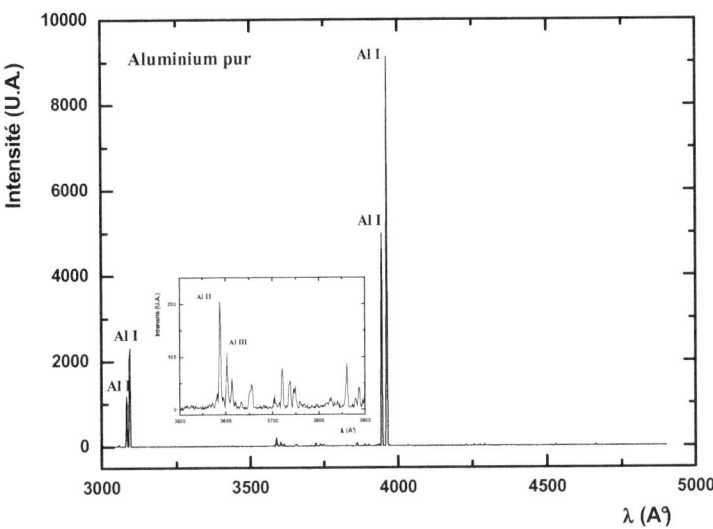

Figure V-10-1 : Spectre mesuré lors du bombardement d'un échantillon d'aluminium pur.

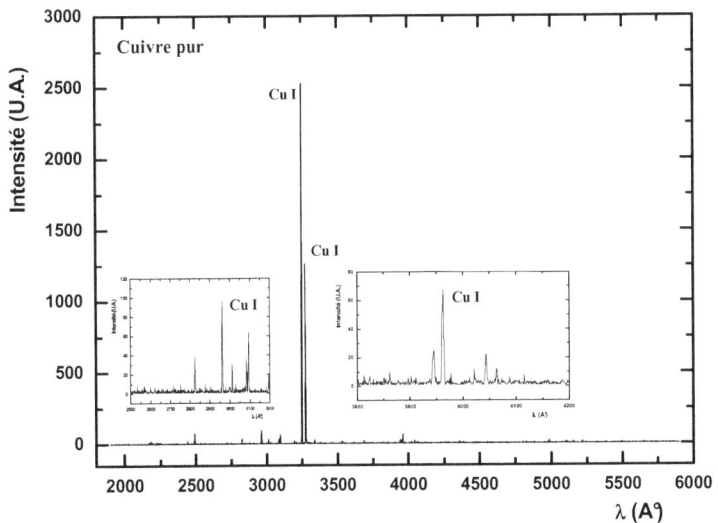

Figure V-10-2 : Spectre mesuré lors du bombardement d'un échantillon de cuivre pur.

λ (Å) observée	I_r^* % (u.a.)	λ (Å) littérature	Transition	Energie des niveaux (eV) supérieur	inférieur
3050,7 (Al I)	0,2	3050,0	$4s\,^4P^0_{5/2} - 3p^2\,^4P_{3/2}$	7,67	3,6
3058,5 (Al I)	0,4	3057,1	$4s\,^4P^0_{5/2} - 3p^2\,^4P_{5/2}$	7,67	3,61
3083,4 (Al I)	12,8	3082,1	$3d\,^2D_{3/2} - 3p\,^2P^0_{1/2}$	4,02	0
3094,2 (Al I)	25,4	3092,7	$3d\,^2D_{5/2,3/2} - 3p\,^2P^0_{3/2}$	4,02	0,01
3945,3 (Al I)	54,6	3944,0	$4s\,^2S_{1/2} - 3p\,^2P^0_{1/2}$	3,14	0
3962,2 (Al I)	100	3961,5	$4s\,^2S_{1/2} - 3p\,^2P^0_{3/2}$	3,14	0,01
3587,6 (Al II)	2,3	3586,5	$4f\,^3F^0_2 - 3d\,^3D_3$	16,47	13,08
3653,7 (Al II)	0,5	3655,0	$5d\,^3D_3 - 4p\,^3P^0_2$	16,6	19,95
4228,4 (Al II)	0,3	4227,4	$8f\,^3F^0_3 - 4d\,^3D_2$	17,99	15,06
4662,6 (Al II)	0,4	4663,0	$3s4p\,^1P^0_1 - 3p^2\,^1D_2$	13,26	10,6
3602,0 (Al III)	1,2	3601,6	$4p\,^2P^0_{3/2} - 3d\,^2D_{5/2}$	17,81	14,37
3613,4 (Al III)	0,7	3612,3	$4p\,^2P^0_{1/2} - 3d\,^2D_{3/2}$	17,8	14,37
4515,3 (Al III)	0,2	4512,5	$4d\,^2D_{3/2} - 4p\,^2P^0_{3/2}$	20,55	17,8
4530,8 (Al III)	0,3	4529,2	$4d\,^2D_{5/2} - 4p\,^2P^0_{3/2}$	20,55	17,81

Tableau V-5 : Raies d'émission observées lors du bombardement d'un échantillon d'aluminium.
I_r^* : Intensité relative par rapport à la raie la plus intense de l'aluminium.

Le spectre d'émission optique observé lors du bombardement de l'aluminium en utilisant la méthode ESSO comporte six raies Al I dont quatre essentielles; attribuées aux raies de résonance de l'aluminium, quatre raies Al II relatives au ions simplement chargés de l'aluminium et quatre raies Al III qui correspond au ions doublement chargés de l'aluminium. On observe aussi deux raies Al II (λ = 3587,6 Å) et Al III (λ = 3602,0 Å) qui présentent une intensité non négligeable. Ces observations sont en parfait accord avec ceux établies par Kaddouri [4] et Bellaoui [5] et aussi dans la littérature par Qayyum et al. [6] et Reinke et al. [7]. Les raies les plus importantes de cuivre sont des raies de résonance situées à 3247,5 et à 3274,3 Å. Il n'y a pas de raies ioniques dans le domaine des longueurs d'onde étudié.

λ (Å) observée	I^*_r % (u.a.)	λ (Å) littérature	Transition	Energie des niveaux (eV)	
				supérieur	inférieur
2493,1 (Cu I)	3	2492,1	$3d^9\,4s\,4p'\,^4P^0_{1/2} - 3d^{10}\,4s\,^2S_{1/2}$	4,92	0,00
2824,8 (Cu I)	1,5	2824,3	$3d^9\,4s\,4p'\,^2D^0_{5/2} - 3d^9\,4s^2\,^2D_{5/2}$	5,78	1,39
2962,1 (Cu I)	4	2961,1	$3d^9\,4s\,4p'\,^2F^0_{7/2} - 3d^9\,4s^2\,^2D_{5/2}$	5,57	1,39
3011,2 (Cu I)	1,5	3010,8	$3d^9\,4s\,4p'\,^4D^0_{5/2} - 3d^9\,4s^2\,^2D_{5/2}$	5,51	1,39
3093,3 (Cu I)	2,5	3093,9	$3d^9\,4s\,4p'\,^4D^0_{5/2} - 3d^9\,4s^2\,^2D_{5/2}$	5,39	1,39
3248,6 (Cu I)	100	3247,5	$3d^{10}\,4p\,^2P^0_{3/2} - 3d^{10}\,4s\,^2S_{1/2}$	3,82	0,00
3274,7 (Cu I)	50	3273,9	$3d^{10}\,4p\,^2P^0_{1/2} - 3d^{10}\,4s\,^2S_{1/2}$	3,79	0,00
3336,8 (Cu I)	1	3335,2	$3d^9\,4s\,4d'\,^2F_{7/2} - 3d^9\,4s\,4p'\,^4F^0_{7/2}$	8,82	5,10

Tableau V-6 : Raies d'émission observées lors du bombardement d'un échantillon de cuivre.
I^*_r : Intensité relative par rapport à la raie la plus intense du cuivre.

Les figures V-11-3, V-11-4 et V-11-5 montrent les spectres de luminescence respectivement des alliages Cu20Al80, Cu33Al67 et Cu90Al10. La liste des éléments contenus dans ces alliages est reportée sur le tableau V-3. On note la présence des raies de résonance Cu I (3248,6 Å) et Al I (3945,3 Å). On observe aussi que le signal lumineux de toutes les raie Cu I augmente quand l'alliage contient plus de cuivre sauf pour les deux raies 3248,6 Å (Cu I) et 3274,7 Å (Cu I). Signalons aussi que les raies 3093,3 Å (Cu I) et 3094,2 Å (Al I) présente une interférence entre le cuivre et l'aluminium.

λ (Å) observée	I_1^* (u.a.)	I_2^* (u.a.)	I_3^* (u.a.)	λ (Å) littérature	Transition	Energie des niveaux (eV) supérieur	Energie des niveaux (eV) inférieur
2493,1 (Cu I)	n. o. **	n. o. **	15	2492,1	$3d^9\,4s\,4p'\,{}^4P^0_{1/2} - 3d^{10}\,4s\,{}^2S_{1/2}$	4,92	0,00
2824,8 (Cu I)	22	7	8	2824,3	$3d^9\,4s\,4p'\,{}^2D^0_{5/2} - 3d^9\,4s^2\,{}^2D_{5/2}$	5,78	1,39
2962,1 (Cu I)	11	n. o. **	16	2961,1	$3d^9\,4s\,4p'\,{}^2F^0_{7/2} - 3d^9\,4s^2\,{}^2D_{5/2}$	5,57	1,39
3011,2 (Cu I)	n. o. **	5	n. o. **	3010,8	$3d^9\,4s\,4p'\,{}^4D^0_{5/2} - 3d^9\,4s^2\,{}^2D_{5/2}$	5,51	1,39
3050,7 (Al I)	10	n. o. **	n. o. **	3050,0	$4s\,{}^4P^0_{5/2} - 3p^2\,{}^4P_{3/2}$	7,67	3,60
3058,5 (Al I)	12	n. o. **	n. o. **	3057,1	$4s\,{}^4P^0_{5/2} - 3p^2\,{}^4P_{5/2}$	7,67	3,61
3083,4 (Al I)	395	120	112	3082,1	$3d\,{}^2D_{3/2} - 3p\,{}^2P^0_{1/2}$	4,02	0,00
3093,3 (Cu I)	767 ***	202 ***	208 ***	3092,7	$3d^9\,4s\,4p'\,{}^4D^0_{5/2} - 3d^9\,4s^2\,{}^2D_{5/2}$	5,39	1,39
3094,2 (Al I)				3093,9	$3d\,{}^2D_{5/2;3/2} - 3p\,{}^2P^0_{3/2}$	4,02	0,01
3248,6 (Cu I)	80	17	425	3247,5	$3d^{10}\,4p\,{}^2P^0_{3/2} - 3d^{10}\,4s\,{}^2S_{1/2}$	3,82	0,00
3274,7 (Cu I)	44	13	194	3273,9	$3d^{10}\,4p\,{}^2P^0_{1/2} - 3d^{10}\,4s\,{}^2S_{1/2}$	3,79	0,00
3336,8 (Cu I)	n. o. **	8	10	3335,2	$3d^9\,4s\,4d'\,{}^2F_{7/2} - 3d^9\,4s\,4p'\,{}^4F^0_{7/2}$	8,82	5,10
3587,6 (Al II)	74	40	n. o. **	3586,5	$4f\,{}^3F^0_2 - 3d\,{}^3D_3$	16,47	13,08
3602,0 (Al III)	40	20	n. o. **	3601,6	$5d\,{}^3D_3 - 4p\,{}^3P^0_2$	16,60	19,95
3613,4 (Al III)	21	10	n. o. **	3612,3	$8f\,{}^3F^0_3 - 4d\,{}^3D_2$	17,99	15,06
3653,7 (Al II)	25	16	n. o. **	3655,0	$3s4p\,{}^1P^0_1 - 3p^2\,{}^1D_2$	13,26	10,60
3945,3 (Al I)	2065	889	202	3944,0	$4s\,{}^2S_{1/2} - 3p\,{}^2P^0_{1/2}$	3,14	0,00
3962,2 (Al I)	3978	1735	410	3961,5	$4s\,{}^2S_{1/2} - 3p\,{}^2P^0_{3/2}$	3,14	0,01
4228,4 (Al II)	10	5	n. o. **	4227,4	$4p\,{}^2P^0_{3/2} - 3d\,{}^2D_{5/2}$	17,81	14,37
4515,3 (Al III)	11	n. o. **	n. o. **	4512,5	$4p\,{}^2P^0_{1/2} - 3d\,{}^2D_{3/2}$	17,80	14,37
4530,8 (Al III)	20	10	n. o. **	4529,2	$4d\,{}^2D_{3/2} - 4p\,{}^2P^0_{3/2}$	20,55	17,80
4662,6 (Al II)	30	12	n. o. **	4663,0	$4d\,{}^2D_{5/2} - 4p\,{}^2P^0_{3/2}$	20,55	17,81

Tableau V-7 : Raies d'émission observées lors du bombardement d'un alliage de Cu X Al 100-X (X = 20, 33, 90).

* : Intensité absolue observée dans le spectre de luminescence.
** : Raie non observée.
*** : Raie présentant une interférence.
I_1 : Intensité des raies observée lors du bombardement de Cu 20 Al 80.

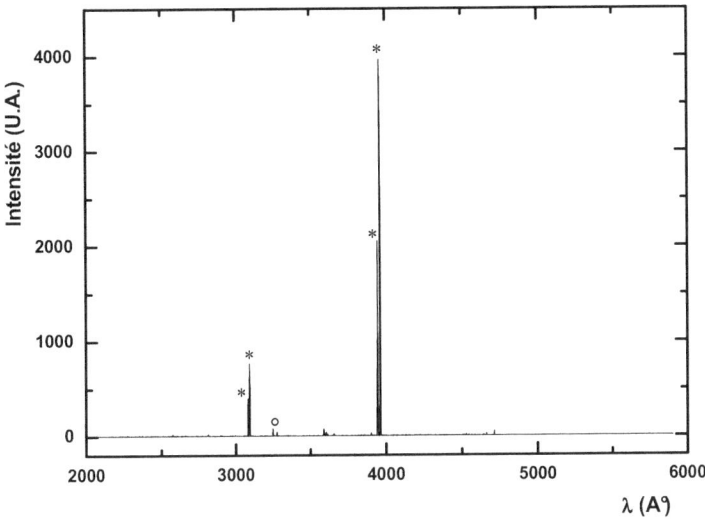

Figure V-10-3 : Spectre mesuré lors du bombardement d'un alliage Cu20Al80,
∗ Al I, ○ Cu I.

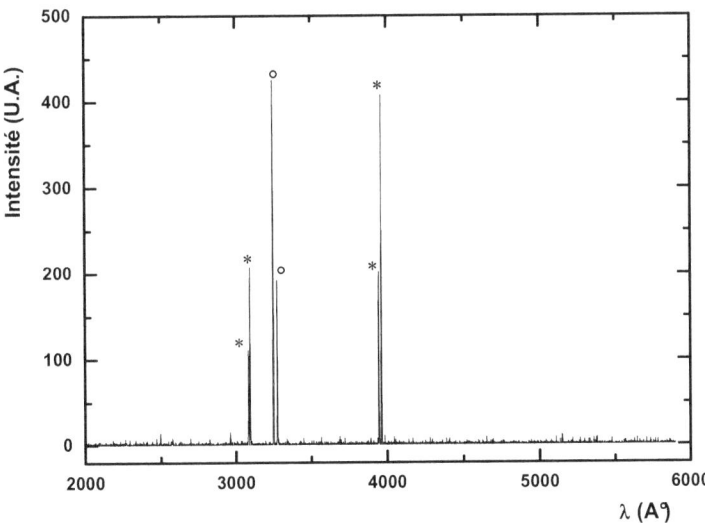

Figure V-10-4 : Spectre mesuré lors du bombardement d'un alliage Cu90Al10,
∗ Al I, ○ Cu I.

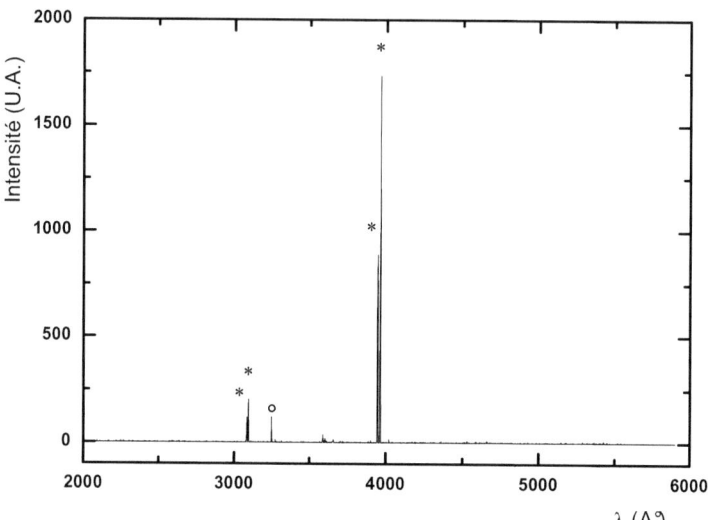

Figure V-10-5: Spectre mesuré lors du bombardement d'un alliage Cu33Al67, ∗ Al I, ○ Cu I.

Alliage	Phase	Remarque
Cu90Al10	AlCu$_4$	Une seule phase
Cu29Al71	CuAl$_2$ / Al + Cu dissous	Hypoeutectique (la phase CuAl$_2$ est la plus importante) (3atomes sur 7)
Cu22Al78	CuAl$_2$ / Al + Cu dissous	Hypoeutectique (mélange de deux phases)

Tableau V-8 : les différentes phases des alliages de cuivre aluminium.

b) Effet du temps du bombardement sur les alliages de CuAl

La figure V-11 montre le rapport des intensités des deux raies atomiques de Al et de Cu (λ_{Al}=396,2 nm – λ_{Cu}=324,8 nm) durant les trois premières minutes de bombardement des différentes alliages de CuAl. Plusieurs balayages ont été également effectués, jusqu'à quatre heures après le début du bombardement et qui sont représentés sur la figure V-12.

Pour l'alliage monophasé AlCu$_4$ (Cu90Al10), le rapport d'intensité est pratiquement constant pour un temps de bombardement de quelques minutes. Même constatation a été observée pour un temps de bombardement de plusieurs heures. Ceci signifie que la proportion d'atomes d'Al et de Cu éjectés représente la composition en volume de l'alliage. Pour les Hypoeutectiques CuAl$_2$/Al + Cu dissous (Cu33Al67 et Cu20Al80), le rapport initial d'intensité est presque le même que pour l'alliage monophasé, tandis que le nombre d'atomes d'Al par atome de Cu dans le volume est 24 ou 34 fois plus grand. Même après trois minutes de bombardement, le rapport d'intensité n'excède pas 3 ou 5, comme le montre la figure V-11. Plusieurs heures sont nécessaires pour atteindre des rapports de plusieurs dizaines. Ces observations peuvent être expliquées par, l'inhomogénéité des échantillons d'une part et par l'utilisation de deux zones d'impact lors de l'enregistrement des spectres lumineuses d'autre part.

La figure V-12 met en évidence le phénomène de pulvérisation préférentielle. Pour l'alliage monophasé et comme il a été motionné avant, les rapports des intensités est quasiment constant, alors que pour les deux autres alliages de CuAl on constate une nette augmentation du rapport des intensités à partir de 100 minutes de bombardement. Au delà de ce temps, ce facteur atteint 2,5 pour l'alliage Cu20Al80 et un facteur 4 pour l'alliage Cu33Al67. Cela peut être expliqué pas le fait que lors du bombardement, le cuivre est préférentiellement pulvérisé que l'aluminium. Une simulation par le logiciel SRIM confirme cette constatation (tableau V-9).

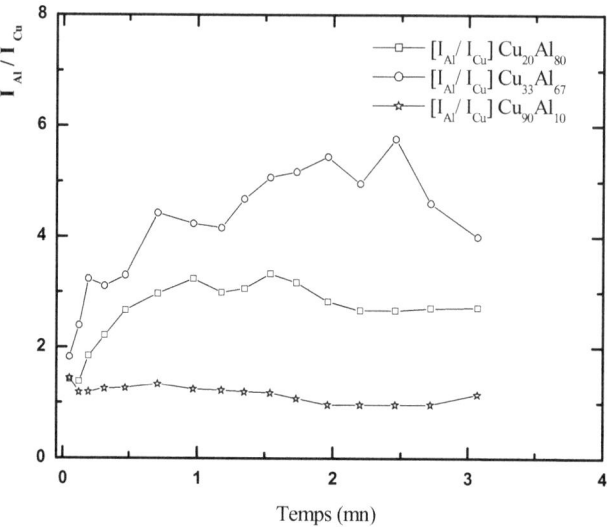

Figure V-11 : Evolution des rapports des intensités des raies $\lambda_{(Al)} = 3961,5$ Å et $\lambda_{(Cu)} = 3247,5$ Å en fonction du temps du bombardement.

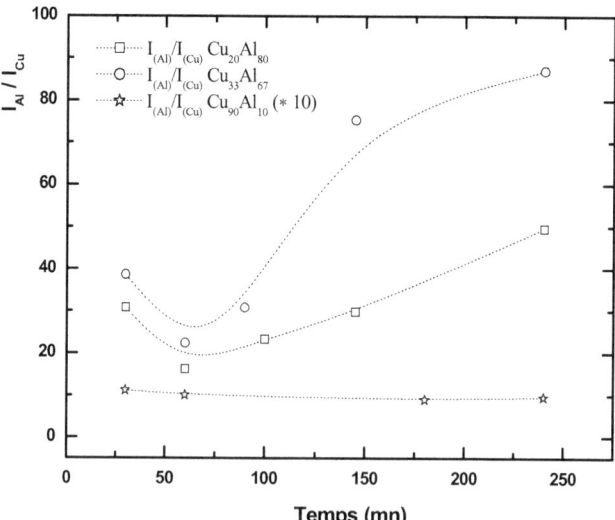

Figure V-12 : Evolution des rapports des intensités des raies $\lambda_{(Al)} = 3961,5$ Å et $\lambda_{(Cu)} = 3247,5$ Å en fonction du temps du bombardement.

Alliage (concentrations nominées) Y_{total}	Y (Cu)	Y (Al)	Y (Al) / Y (Cu)
Cu90 Al10	17	3	0,18
Cu33 Al67	4	15	3,75
Cu20 Al80	2	16	8

Tableau V-9 : Rendement de pulvérisation des alliages étudiés obtenus par simulation sur le logiciel SRIM.

c) Mesures relatives

Le tableau V-10 donne le rapport $R = \dfrac{I^{Cu}}{I^{Al}}$ des intensités des raies λ_{Al} = 3093 Å et λ_{Cu} = 3248 Å pour chacune des concentrations et sur la figure V-14 nous avons tracé ce rapport en fonction des rapports de concentration, $\dfrac{C^{Cu}}{C^{Al}}$, au début et après 6 heures de bombardement, aussi, nous avons reporté sur le même graphe le même rapport en présence de l'oxygène. Les tracés sur la figure V-13 donnent lieu à des droites de pentes $p_{i=1,2,3}$ (1 : début du bombardement, 2 : après 6 h de bombardement et 3 : on présence de O_2) avec p_1=12,504, p_2=12,604 et p_3=11,644.

Les pentes obtenues permettent d'écrire : $R_a = p_i \left(\dfrac{C_a^{Cu}}{C_a^{Al}} \right)_{i=1,2,3}$, où a se réfère aux trois concentrations et i aux conditions d'obtention de ces résultats. Par définition on à : $C_a^{Cu} + C_a^{Al} = 100\%$ soit :

$$C_a^{Cu} = \dfrac{100}{\left(1 + \dfrac{p_i}{R_a}\right)_{i=1,2,3}}$$

Ceci suppose qu'il n'y a pas d'effet de matrice.

Le tableau V-10 compare les concentrations du cuivre données par les calculs du mode de préparations des alliages, celles données par ICP et celles données par ESSO. L'accord entre les concentrations calculées par la méthode de préparation et par ICP est satisfaisant, par contre les résultats obtenus par ESSO nous semblent relativement différents. Ils sont inférieurs à ceux prédîts par ICP et par mode de préparation pour les alliages à faible teneur en cuivre et aluminium, mais restent largement supérieurs pour l'alliage intermédiaire.

	Al $_{pur}$	Cu $_{pur}$	Cu20Al80	Cu33Al67	Cu90Al10
I^{Al} (λ=3961,5 Å)	9126	12	3970	1740	409
I^{Cu} (λ=3247,5 Å)	66	2534	80	120	435
$R_a = \dfrac{I^{Cu}}{I^{Al}}$			0,02	0,07	1,03

Tableau V-10 : Intensité des raies λ_{Cu} et λ_{Al} mesurées lors du bombardement des alliages de CuAl et des échantillons de Al et Cu purs.

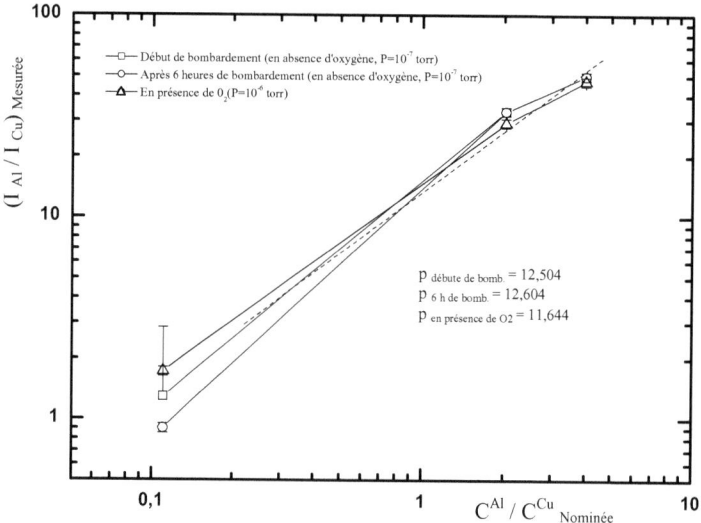

Figure V-13 : Variation du rapport des intensités des raies λ_{Al} = 309,3 nm et λ_{Cu} = 324,8 nm en fonction des concentrations nominées, C^{Al} / C^{Cu} au cours du bombardement et en absence et en présence d'oxygène.

C^{Cu} %Massique calculé par la méthode de préparation	20	33	90
C^{Cu} %Massique donné par ICP	22	29	90
C^{Cu} %Massique ESSO (débute de bombardement et en absence d'oxygène)	16	57	77
C^{Cu} %Massique ESSO (Au bout de 6 h de bombardement et en absence d'oxygène)	15	55	75
C^{Cu} %Massique ESSO (en présence d'oxygène)	17	59	81

Tableau V-11 : Comparaison entre les valeurs de C^{Cu} dans CuAl données par la méthode de préparation des alliages, celles données par ICP et nos résultats donnés par ESSO en fonction du temps de bombardement et en fonction de l'atmosphère dans l'enceinte échantillon.

d) Mesures absolues

Les figures V-14 et V-15 illustrent les résultats des mesures des concentrations absolues lors du bombardement des alliages de CuAl au début et après 6 heures de bombardement. On observe une très forte variation dès qu'on s'écarte du métal pur. Au début du bombardement, l'accord est bien satisfait pour les Hypoeutectiques Cu20Al80 et Cu33Al67. Mais à faible concentration en aluminium, les points correspondants s'écartent beaucoup pour l'alliage Cu90Al10. Signalons que la somme des valeurs mesurées ne vérifie pas la relation évidente pour l'alliage binaire : $C_a^{Cu} + C_a^{Al} = 1$. Ces écarts sont dus à la variation du rendement de pulvérisation de l'alliage en fonction de sa composition en volume. Pour des temps de bombardement très longs, l'écart est beaucoup plus important, les explications envisagées sont :

- la composition de surface qui change au cours du bombardement,
- les différentes structures dont les alliages étudiés sont composées,
- la non homogénéité de la composition en profondeur des alliages utilisés.

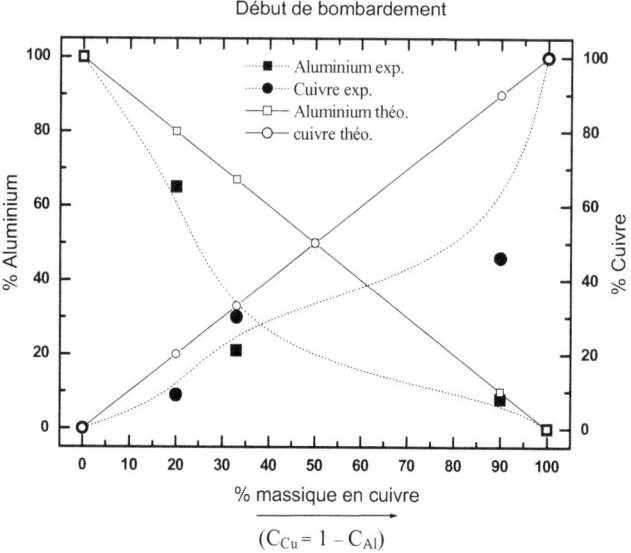

Figure V-14 : Valeurs des concentrations obtenues par la mesure absolue au début de bombardement.

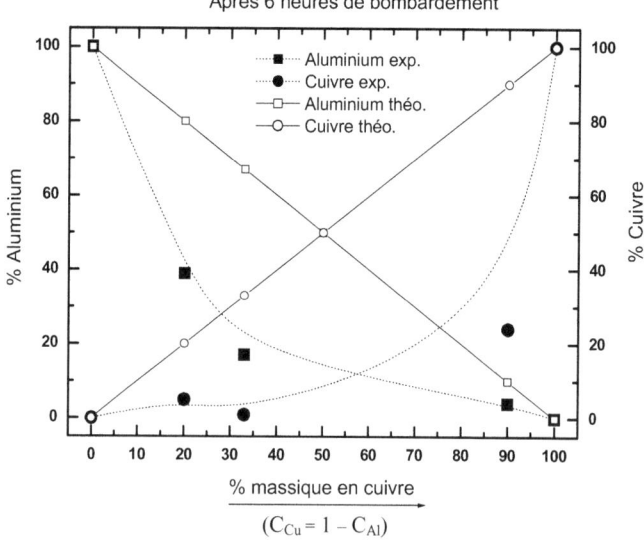

Figure V-15 : Valeurs des concentrations obtenues par la mesure absolue au début de bombardement.

II- 3 Le cuivre béryllium

a) Emission optique du cuivre béryllium

Le spectre de luminescence enregistré lors du bombardement d'une cible de béryllium pur dans le domaine spectral 1900 – 5900 Å est présenté sur la figure V-16. Ces expériences sont réalisées dans les conditions expérimentales suivantes :
- Un faisceau d'ions Kr^+ de 5 keV.
- Une pression de 10^{-7} torr.
- Une résolution instrumentale de 4 Å.
- Un angle d'incidence de 70°.
- Une densité de courant de 0,1 $\mu A/cm^2$.

La raie principale de longueur d'onde λ = 3321,6 Å, raie d'émission bien connue de cet élément, est aussi la plus intense, elle correspond à la transition 4d $^1D_2$ - 2p $^1P^0_1$ de Be I. D'autres raies Be I d'émission des atomes neutres ainsi qu'une seule raie Be II de l'ion simplement chargé sont détectées. Ces dernières ont été observées par Kramida [8] et Bollinger [9] lors du bombardement du béryllium par des ions Ar^+ de 20 keV.

Le tableau V-12 donne les identifications ainsi que les caractéristiques des raies Be I et Be II observées. Aussi sont reportés les transitions optiques impliquées et les niveaux d'énergies inférieures et supérieures. La différence entre les longueurs d'ondes observées et théorique est due au moteur du réseau de monochromateur qui entraîne des erreurs de lecture sur la position du sommet du pic.

Les figures V-17 et V-18 montrent les spectres de luminescence obtenue lors du bombardement d'un alliage de Cu98Be02 à deux angles d'incidence (0° et 70°). Il s'agit d'un dinode provenant d'un photomultiplicateur. Cet alliage à subit le même protocole de nettoyage que les autres cible faisant objet de notre études. Ces spectres ont été enregistrés sous les mêmes conditions expérimentales que celui d'une cible de cuivre et béryllium. Le dépouillement de ces spectres nous a permis d'identifier les raies d'émissions de chaque élément de cet alliage. Le tableau V-13 donne l'identification des raies intenses des trois éléments (longueur d'onde dans la littérature, les transitions électroniques et les énergies des niveaux supérieur et inférieur).

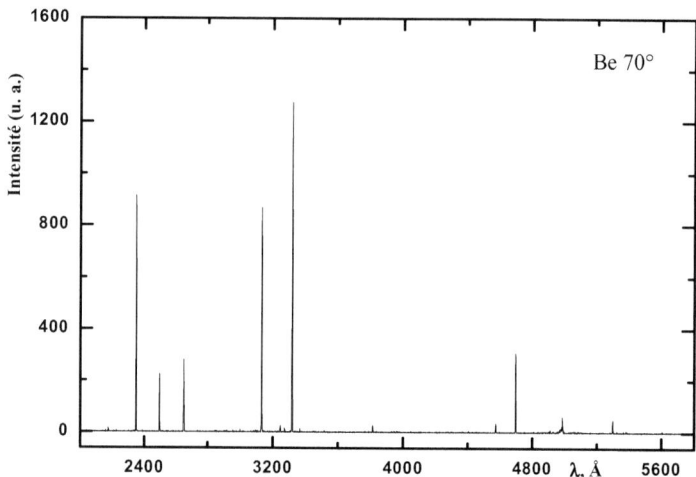

Figure V-16 : Spectre mesuré lors du bombardement d'une cible de béryllium.

λ (Å) Mesurés	I (Be 70°)	λ (Å) Litt.	Transitions	Energie des niveaux (eV)	
				supérieur	inférieur
2175,4	16	2174,9 Be I	2s 4d ^{3}D – 2s 2p ^{3}P$^0_0$	8,42	2,72
2348,9	914	2348,6 Be I	2s 2p ^{1}P$^0_1$ – 2s^2 ^{1}S$_0$	5,27	0,00
2494,2	223	2494,4 Be I	2s 3d ^{3}D – 2s 2p ^{3}P$^0_0$	4,92	0,00
2651,4	279	2650,4 Be I	2p^2 ^{3}P$_2$ - 2s 2p ^{3}P$^0_1$	7,04	2,72
3131,9	868	3131,0 Be II	2p ^{2}P$^0_{3/2}$ – 2s ^{2}S$_{1/2}$	3,96	0,00
3322,3	1273	3321,3 Be I	2s 4d ^{1}D$_2$ - 2s 2p ^{1}P$^0_1$	3,95	0,00
3818,6	27	3813,4 Be I	2s3d ^{1}D$_2$ - 2s 2p ^{1}S$_0$	8,52	5,27
4571,2	36	4572,6 Be I	2s3d ^{1}D$_2$ - 2s 2p ^{1}S$_0$	7,98	5,27
4697,4	306	2348,6 Be I (2ème ordre)	2s 2p ^{1}P$^0_1$ – 2s^2 ^{1}S$_0$	5,27	0,00
4981,0	61	2494,4 Be I (2ème ordre)	2s 3d ^{3}D – 2s 2p ^{3}P$^0_0$	4,92	0,00
5300,6	49	2650,4 Be I (2ème ordre)	2p^2 ^{3}P$_2$ - 2s 2p ^{3}P$^0_1$	7,04	2,72

Tableau V-12 : Raies d'émissions observées lors du bombardement d'une cible de béryllium.

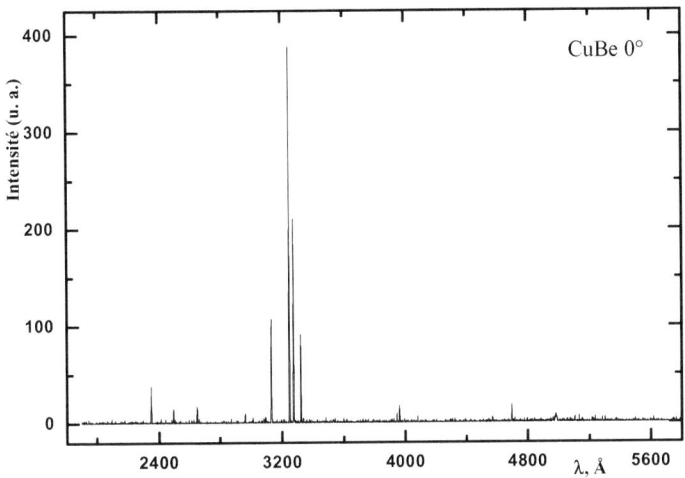

Figure V-17 : Spectre mesuré lors du bombardement d'un alliage de Cu98Be02 à 0°.

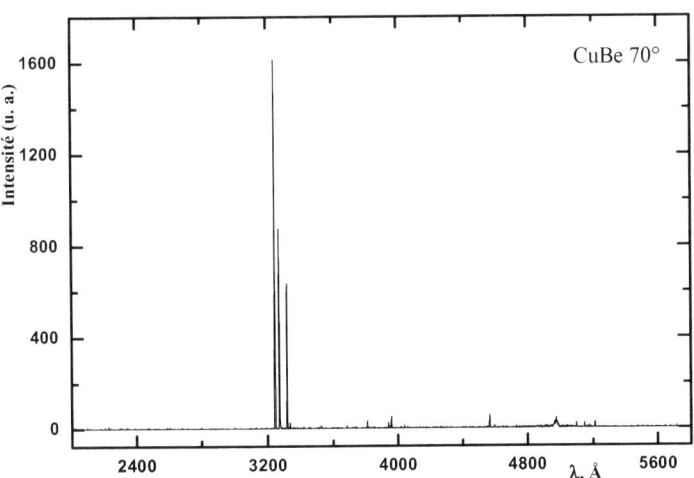

Figure V-18 : Spectre mesuré lors du bombardement d'un alliage de Cu98Be02 à 70°.

λ (Å) Mesurés	I (CuBe 0°)	I (CuBe 70°)	λ (Å) Litt.	Transitions	Energie des niveaux (eV) supérieur	inférieur
2229,6	n. o.*	11	2230,0 Cu I	$3d^9 4s 4p\ ^2F^0_{7/2} - 3d^9 4s^2\ ^2D_{5/2}$	6,95	1,39
2348,9	38	45	2348,6 Be I	$2s\ 2p\ ^1P^0_1 - 2s^2\ ^1S_0$	5,27	0,00
2494,2	15	n. o.*	2494,4 Be I	$2s\ 3d\ ^3D - 2s\ 2p\ ^3P^0_0$	4,92	0,00
2651,3	17	n. o.*	2650,4 Be I	$2p^2\ ^3P_2 - 2s\ 2p\ _3P^0_1$	7,04	2,72
2962,6	10	21	2961,1 Cu I	$3d^9 4s 4p\ ^4D^0_{5/2} - 3d^9 4s^2\ ^2D_{5/2}$	5,57	1,39
3012,2	6	50	3012,0 Cu I	$3d^9 4s 4d\ ^4F_{5/2} - 3d^9 4s 4p\ ^4P^0_{3/2}$	5,51	1,39
3094,3	7	65	3093,9 Cu I	$3d^9 4s 4p\ ^4D^0_{5/2} - 3d^9 4s^2\ ^2D_{5/2}$	5,39	1,39
3131,9	107	205	3131,0 Be II	$2p\ ^2P^0_{3/2} - 2s\ ^2S_{1/2}$	3,96	0,00
3194,4	n. o.*	6	3194,1 Cu I	-	5,52	1,64
3248,7	388	1615	3247,5 Cu I	$3d^{10} 4p\ ^2P^0_{3/2} - 3d^{10} 4s\ ^2S_{1/2}$	3,82	0,00
3275,2	210	876	3273,9 Cu I	$3d^{10} 4p\ ^2P^0_{1/2} - 3d^{10} 4s\ ^2S_{1/2}$	3,79	0,00
3322,3	92	635	3321,3 Be I	$2s\ 3s\ ^3S_1 - 2s\ 2p\ ^3P^0_1$	3,95	0,00
4571,1	6	12	4572,6 Be I	$2s3d\ ^1D_2 - 2s\ 2p\ ^1S_0$	7,98	5,27
4697,4	18	n. o.*	2348,6 Be I (2 ème ordre)	$2s\ 2p\ ^1P^0_1 - 2s^2\ ^1S_0$	5,27	0,00
4981,0	7	45	2494,4 Be I (2 ème ordre)	$2s\ 3d\ ^3D - 2s\ 2p\ ^3P^0_0$	4,92	0,00

Tableau V-13 : raies d'émissions observées lors du bombardement d'un alliage e Cu98Al02.
* : non obsérvée.

On remarque dans les spectres enregistrés lors de la pulvérisation des cibles de Be et CuBe la présence d'émission optique entre 4920 et 5020 Å. La figure V-19 présente les spectres de luminescence de Be et CuBe obtenue dans les mêmes conditions opératoires décrites au paravent pour le cuivre béryllium. On remarque l'apparition d'une structure large centrée autour de 4980 Å, identifiée comme la bande moléculaire de BeH associée au système $A\ ^2\Pi - X\ ^2\Sigma$ [10,13]

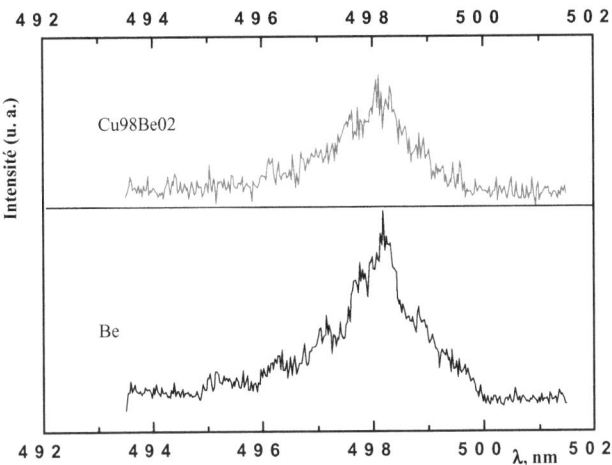

Figure V-19 : Spectres d'émission moléculaire des échantillons de
Be et CuBe bombardés par des ions Kr$^+$.

b) Effet du temps du bombardement sur l'alliage CuBe

Sur la figure V-20, nous avons reporté les résultats de l'effet du temps de bombardement sur l'alliage CuBe à deux angles d'incidences 0° et 70° par rapport à la normale à la surface des cibles. Ces résultats sont représentés sous forme de rapport d'intensité et ils sont déduites d'une succession de spectres de luminescence enregistrés lors du bombardement de CuBe par des ions Kr$^+$ de 5keV à des temps entre 15 minutes et 70 heures. Le choix du domaine spectral de 3240 à 3340 Å est entrepris afin d'observer les deux raies les plus intenses 3248 Å (Cu I) et 3274 Å (Cu I) associées aux raies atomiques du cuivre et la raie la plus intense 3321 Å associée au béryllium (Be I). Cette figure (Fig. V-20) présente le rapport d'intensité des raies atomiques observées à 3248Å pour Cu et 3321Å pour Be à différents temps de bombardement et pour des angles d'incidences de 0° et de 70° par rapport à la normale à la surface.

Dans ces expériences, on s'attend à ce que ce rapport dépende essentiellement du rapport du rendement de pulvérisation de Cu et de Be, même si l'influence de l'angle d'incidence sur les probabilités d'excitation ne peut pas être prise en considération du fait des différences dans les ordres de collision. Pour de longue durée de bombardement, le rapport des rendements de pulvérisation tend vers le rapport des concentrations atomiques en volume de l'alliage. Ainsi, les rapports d'intensité pour différents angles d'incidences convergent. Ceci se produit après environ 40 heures comme le montre la figure V-20. Cette même figure montre également la convergence des intensités pour des faibles temps de bombardement (15 mn après le début du bombardement).

Les simulations numériques ne prévoient pas une pulvérisation préférentielle du béryllium mais, au contraire, du cuivre [15]. La surface initiale est donc enrichie en béryllium. Quand le bombardement se fait en incidence oblique, la couche enrichie est décapée rapidement et le rapport d'intensité est ainsi augmenté rapidement. Par ailleurs, pour une incidence normale, le processus est beaucoup plus lent. Cependant la différence dans les vitesses d'érosion (un facteur de 3 ou 4) n'est pas suffisante pour expliquer la différence observée au cours du temps du bombardement. La surface subit donc des changements morphologiques dus à la pulvérisation, ce qui entraîne la formation des structures plus complexes [15-17].

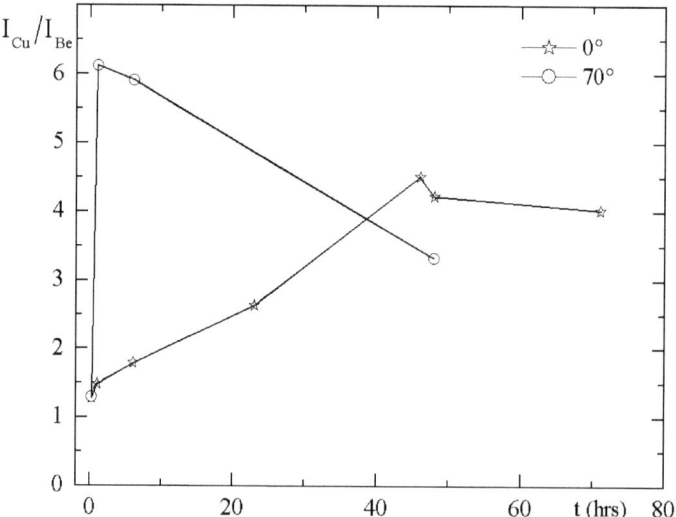

Figure V-20 : Le rapport des intensités des raies atomique du cuivre (3248Å) et du béryllium (3321Å) à différent temps de bombardement de CuBe et pour deux angles d'incidence (0° et 70°).

III- Discussion

La spectroscopie optique sous bombardement ionique est un outil pour analyser localement la surface d'une cible. L'analyse peut désormais devenir quantitative si toutefois un calibrage adéquat est effectué. Cependant la question que nous évoquons est quand le signal lumineux peut être considéré comme représentant de la composition d'une cible quelconque sous bombardement ionique ?

Au début du bombardement, la plupart de contaminants se trouvant sur la surface de l'échantillon à analyser sont éliminés. Ceci se traduit dans nos expériences par un signal transitoire court qui est facilement identifié. Les espèces réactives, telles que l'oxygène sur l'aluminium, soulèvent un problème sérieux. Leur influence sur le signal est visible durant le décapage d'une couche de l'ordre de 1 μm dans le cas d'une cible d'aluminium.

L'interprétation des résultats est difficile pour le cas des cibles non homogènes plus particulièrement si le mode de préparation de ces échantillons contribue à la modification des couches superficielles. Par ailleurs, le décapage lors de la pulvérisation ionique n'est pas uniforme, et par conséquent, on observe la création des cavités ce qui entraîne qu'un état d'équilibre peut être irréalisable dans le cadre d'une analyse locale. Une analyse complémentaire telle que la microscopie optique ou électronique s'avère nécessaire pour bien comprendre ce phénomène.

Il est clair qu'un microrelief se développe quand un décapage ionique est entrepris sur une surface solide [18]. Par conséquent, l'endroit précis de la zone d'impact devient incertain. En outre, et en raison des différences du rendement de pulvérisation, la composition de la surface du solide change entraînant avec elle un changement de morphologie de surface. Cet effet peut être minimisé par variation d'angle d'incidence durant le bombardement ionique.

Les expériences menées sur des alliages binaires nous permettent de tirer les conclusions suivantes :

- la méthode ESSO permet une étude qualitative car elle identifie les différentes raies caractéristiques de chaque élément constituant l'alliage étudié,
- au cours du bombardement, la méthode permet la détermination de la composition en volume des alliages étudiés, ce qui permet d'expliquer les variations des intensités lumineuses,
- la méthode ne soulève aucune difficulté quant à la détermination des profils des couches homogènes successives à une échelle de quelques micromètres.

Références

[1] http://www.nist.gov

[2] M. Draissia, M.Y. Debili, J. of Crystal Growth 270 (2004) 250–254.

[3] M.Y. Debili,Tran Huu Lo, C.Rev.Frantz, Metall. (1998) 1501.

[4] A. Kaddouri, Spectroscopie d'émission des produits de pulvérisation de solides soumis à un bombardement ionique, Thèse d'Etat, Université Paris-Sud Orsay, (1989).

[5] B. Bellaoui, Bombardement ionique de solides : analyse des produits de pulvérisation par spectroscopie optique, Thèse, Université Paris-Sud Orsay, (1996).

[6] A. Qayyum, M.N. Akhtar, T. Riffat Radiation Physics and Chemistry 72 (2005) 663–667

[7] S. Reinke, D. Rahmann et R Hippler, Vacuum, 42 (1991) 807

[8] A. E. Kramida and W. C. Martin, J. Phys. Chem. Ref. Data 26, 1185 (1997).

[9] J. J. Bollinger, J. S. Wells, D. J. Wineland, and W. M. Itano, Phys. Rev. A 31, 2711 (1985).

[10] O.Varenne, Analyse des produits de pulvérisation de métaux et d'oxydes par spectroscopie optique, Thèse, Université Paris-Sud Orsay, (2000).

[11] P.-G. Fournier, O. Varenne, A. Nourtier, J. Baudon and M. Boustimi, Nucl. Instrum. Meth. B249 (2006) 153-157.

[12] I. S. Sharodi, Yu. A. Bandurin, S. S. Pop, Nucl. Instr. and Meth. B 193 (2002) 699-704.

[13] P. Agarwal, S.R. Bhattacharyya, D. Ghose, Applied Surface Science 133(1998)166–170.

[14] B. J. Ziegler, J. P. Biersack and U. Littmark, Pergamon Press, New York, (2003).

[15] R. Gago, L. Vázquez, R. Cuerno, M. Varela, C. Ballesteros, J. M. Albella, App. Phys. Lett. 78 (2001) 3316

[16] P.-G. Fournier, A. Nourtier, V.I. Shulga, Phys. Chem. News, 19 (2004) 60

[17] P.-G. Fournier, A. Nourtier, V. I. Shulga, M. Ait El Fqih, Nucl. Instrum. Meth. B230 (2005) 577

[18] K. W. Pierson, J. L. Reeves, T. D. Krueger, C. D. Hawas, C. B. Cooper, Nucl. Instrum. Meth. B108 (1996) 290-299

Conclusion Générale

La spectroscopie optique sous bombardement ionique est une méthode d'analyse locale. Un faisceau d'ions de quelques keV est dirigé vers l'échantillon et le décape. La vitesse de décapage est estimée entre 1 et 2 Å/s et la densité du courant ionique avoisine le $\mu A/mm^2$. Parmi les particules éjectées, les atomes propres à la cible sont dans des états excités. Ces derniers sont identifiés grâce à la lumière qu'ils émettent en se désexcitant. On peut ainsi détecter des inclusions dans des minéraux, étudier l'organisation de matériaux polyphasés, mettre en évidence l'influence du bombardement sur l'évolution de la morphologie de surface lors du bombardement ionique et déterminer les profils de composition des couches minces.

Ce mémoire comporte un ensemble d'expériences, parfois comparées aux simulations, utilisant la spectroscopie optique sous bombardement ionique. Nous avons ainsi présenté et interprété des résultats acquis au cours de la pulvérisation sur, tout particulièrement, des surfaces des cibles d'aluminium, silicium, béryllium et d'alliages binaires CuBe et CuAl. Ces échantillons sont bombardés par un faisceau d'ions Kr^+ de 5 keV sous vide et/ou sous atmosphère d'oxygène contrôlée.

L'étude des émissions optiques obtenues par désexcitation d'atomes et d'ions, issus de la pulvérisation, sont collectées puis enregistrées sur un domaine de longueur d'onde compris entre 190 à 590 nm.

La présence de l'oxygène au voisinage d'une surface métallique lors d'un bombardement ionique, provoque une décroissance du rendement total de pulvérisation et modifie considérablement les proportions des diverses espèces éjectées de cette surface. Dans ce travail, nous nous sommes intéressés à l'effet de l'oxygène sur la lumière émise lors de la pulvérisation d'une surface d'aluminium, silicium et vanadium sous bombardement ionique. Le spectre de luminescence relevé à une pression de 10^{-7} torr est comparé à celui mesuré lorsque la cible est soumise à une atmosphère d'oxygène. L'examen des intensités des raies spectrales a montré que toutes les raies Al I manifestent une dépendance positive avec la pression en oxygène alors que des raies Al II manifestent une dépendance négative. Nous avons aussi enregistré que des raies Al III restent insensibles à la présence de ce gaz. Ces observations sont comparées avec les spectres de luminescences de l'alumine bombardée dans les mêmes conditions expérimentales. Les résultats obtenus sont interprétés dans le cadre du modèle de transfert d'électrons entre la surface et la particule éjectée. La validité du modèle suggère qu'en présence de l'oxygène, une structure est formée et dont le schéma de bandes d'énergie est intermédiaire entre celui de l'aluminium et celui de l'alumine. Dans le cas du silicium, nous avons expliqué aussi, qualitativement, l'augmentation des intensités des raies Si I mesurées lors du bombardement du silicium en présence d'oxygène. Nous avons affirmé que dans ce cas précis, l'adsorption d'oxygène n'entraîne pas forcement la formation d'une couche de l'oxyde correspondant (i.e. : SiO_2) mais la formation d'un sub-oxyde. La discussion de ces résultats illustre les capacités analytiques de la spectroscopie optique sous bombardement ionique. De nombreuses espèces atomiques sont détectées à la surface d'un échantillon, notamment des impuretés. Il est donc nécessaire de les éliminer pour parvenir au substrat. Notre technique d'analyse peut aussi devenir un instrument d'étude fondamentale des processus qui sont à l'origine des émissions optiques.

Des expériences sur la mesure des distributions angulaires on été entreprises dans ce travail. Elles concernent les produits de pulvérisation d'une cible de béryllium bombardée par des ions Kr^+ de 5 keV. L'étude est portée sur deux angles d'incidence, oblique et normale. Une feuille de Mylar disposée dans un cylindre autour de la cible recueille le matériau éjecté. La comparaison des données expérimentales à des simulations faites avec le programme OKSANA ou SRIM révèle un bon accord. Nous avons, par ailleurs, mis en évidence la présence des fragments d'agrégats éclatant en vol peu près de leur émission. Leurs contribution au rendement total de pulvérisation s'ajoute à celui des atomes provenant directement de la cible. On démontre aussi que l'éjection latérale est plus importante dans les expériences que dans la simulation. Ceci s'explique par la formation à la surface des rides parallèles au plan d'incidence, qu'on a mis en évidence par microscopie électronique à balayage. Ceci dit, notre méthode d'analyse peut être très efficace si elle est, néanmoins, couplée aux méthodes d'analyse usuelles telles que le MEB ou l'ICP.

La spectroscopie optique sous bombardement ionique nous a permis de suivre l'évolution de la composition de surface au cours de la pulvérisation ionique. Ceci est illustré dans le cas de deux exemples : les divers alliages de CuAl et l'alliage de Cu_{98} Be_2. Nous avons ainsi discuté les points suivant au cours du bombardement correspondant à différents processus :

- l'élimination des contaminants présents en surface,
- le déplacement de la couche érodée,
- la formation du microrelief.

Par ailleurs, les aperçus de quelques problèmes ne devraient pas masquer les avantages de la spectroscopie optique de faisceau d'ions. On distingue la possibilité d'effectuer des profils des couches successives homogènes de quelques micromètres, où la technique ne soulève aucune difficulté. Enfin, ces techniques utilisées dans ce travail sont commodes et valent la peine d'être développées.

Oui, je veux morebooks!

i want morebooks!

Buy your books fast and straightforward online - at one of world's fastest growing online book stores! Environmentally sound due to Print-on-Demand technologies.

Buy your books online at
www.get-morebooks.com

Achetez vos livres en ligne, vite et bien, sur l'une des librairies en ligne les plus performantes au monde!
En protégeant nos ressources et notre environnement grâce à l'impression à la demande.

La librairie en ligne pour acheter plus vite
www.morebooks.fr

VDM Verlagsservicegesellschaft mbH
Heinrich-Böcking-Str. 6-8   Telefon: +49 681 3720 174   info@vdm-vsg.de
D - 66121 Saarbrücken   Telefax: +49 681 3720 1749   www.vdm-vsg.de

Printed by Books on Demand GmbH, Norderstedt / Germany